A. GRESLE

BIBLIOTHÈQUE ALGÉRIENNE ET COLONIALE

SAHARA ET SOUDAN

LES RÉGIMENTS DE DROMADAIRES

PAR

H. WOLFF,

CAPITAINE, CHEF DU BUREAU ARABE DE BISKRA, OFFICIER D'ACADÉMIE

ET

A. BLACHÈRE,

SOUS-LIEUTENANT AU 3ᵉ RÉGIMENT DE CHASSEURS D'AFRIQUE, ATTACHÉ AUX AFFAIRES INDIGÈNES

Avec une carte du Sahara et du bassin moyen du Niger
d'après les principaux explorateurs.

> « Je ne mets pas en doute que le jour où
> nous aurons quatre régiments d'Imochars,
> montés sur des chameaux de selle et com-
> mandés par des officiers français, nous ne
> soyons maîtres de tout le pays qui nous
> sépare de la vallée du Niger, et, par suite,
> de cette vallée elle-même. »
> Général HANOTEAU.
> Préface de l'*Essai de grammaire de la
> langue temachek.*

PARIS

CHALLAMEL AINÉ, ÉDITEUR

LIBRAIRIE ALGÉRIENNE ET COLONIALE

5, RUE JACOB, ET RUE FURSTENBERG, 2

1884

SAHARA ET SOUDAN

LES RÉGIMENTS DE DROMADAIRES

BIBLIOTHÈQUE ALGÉRIENNE ET COLONIALE

SAHARA ET SOUDAN

LES

RÉGIMENTS DE DROMADAIRES

PAR

H. WOLFF,

CAPITAINE, CHEF DU BUREAU ARABE DE BISKRA, OFFICIER D'ACADÉMIE

ET

A. BLACHÈRE,

SOUS-LIEUTENANT AU 3e RÉGIMENT DE CHASSEURS D'AFRIQUE, ATTACHÉ AUX AFFAIRES INDIGÈNES

Avec une carte du Sahara et du bassin moyen du Niger
d'après les principaux explorateurs.

« Je ne mets pas en doute que le jour où
nous aurons quatre régiments d'Imôchars,
montés sur des chameaux de selle et com-
mandés par des officiers français, nous ne
soyons maîtres de tout le pays qui nous
sépare de la vallée du Niger, et, par suite,
de cette vallée elle-même. »
Général HANOTEAU.
Préface de l'*Essai de grammaire de la
langue temachek.*

PARIS

CHALLAMEL AÎNÉ, ÉDITEUR

LIBRAIRIE ALGÉRIENNE ET COLONIALE

5, RUE JACOB, ET RUE FURSTENBERG, 2

1884

A la mémoire

du

Lieutenant-Colonel FLATTERS

et

de ses héroïques compagnons

morts dans le Sahara, le 15 février 1881,

pour l'honneur de la France

et des sciences géographiques.

AVANT-PROPOS

Cette petite étude a été ébauchée le lendemain de la nouvelle du massacre de la mission Flatters qui nous est parvenue à Biskra, dans la nuit du 31 mars au 1er avril 1881. A ce moment un cri de douleur y répondit de tous les côtés ; mais c'est surtout dans les postes de l'Extrême Sud que l'anéantissement de la mission produisit une émotion difficile à dépeindre ; on ne s'abordait que les larmes aux yeux ; les braves qui venaient de tomber au Puits de Gharama, et que nous avions vus partir quelques mois auparavant pleins de vie et d'espérance, étaient pour la plupart nos frères d'armes et nos amis.

Un mot d'un de nos chefs eût suffi alors pour que nous nous élancions tous dans le Sahara pour aller venger ces morts héroïques. Des hommes vaillants, des savants et des officiers s'offrirent immédiatement pour aller réparer cet outrage fait au nom français ; mais on ne pouvait de nouveau se lancer à l'aventure dans le pays des Touaregs ; il fallait partir en force, et surtout être organisé militairement. La phrase sonore de « Mission pacifique » que certains philanthropes avaient fait résonner si fort devant la Commission transsaharienne, et dont l'idée a malheureusement fini par triompher, venait de recevoir un démenti sanglant. Nous savons aujourd'hui que si le colonel avait eu 200 soldats avec lui il aurait atteint son objectif qui était de pénétrer dans les Etats de Haoussa, pour s'emparer, par des traités, des riches marchés du Soudan.

Cette œuvre grandiose arrêtée d'une façon si lamen-

table est donc restée inachevée ; des préoccupations
extérieures ont empêché de la reprendre immédiatement;
mais la France se souviendra un jour, — ce jour est
prochain, l'ardent patriotisme de nos hommes d'Etat nous
en est un sûr garant — que les ossements des martyrs
de la mission Flatters méritent mieux qu'un linceul de
sable sous lequel ils sont actuellement ensevelis, et que
le vent du désert arrache et recouvre tour à tour, mais
une sépulture au milieu de nous digne des héros qui sont
tombés au champ d'honneur !

C'est pour contribuer à ce patriotique pèlerinage qu'il
faudra faire avec une troupe armée et disciplinée, quand
l'heure de la vengeance aura sonné, c'est guidé par cette
pieuse pensée que nous avons écrit cette petite étude
saharienne que nous osons livrer aujourd'hui au public.

Biskra, juin 1881.

Capitaine HENRI WOLFF.

NOTA. — Les hommes studieux qui se sentent portés vers les
études africaines et sahariennes cherchent en vain, dans les librairies
de France et les bibliothèques, une carte du Sahara et du Bassin
moyen du Niger, indiquant et résumant les itinéraires suivis jusqu'à
ce jour par les principaux voyageurs qui ont exploré le grand continent
africain, notamment le Sahara. Le jeune collaborateur que nous nous
sommes adjoint pour parfaire cette étude, aidé par nos conseils,
a essayé de dresser une carte de ce genre : c'est celle qui est annexée
à cette brochure.

Dans ce travail nous avons pris pour base, tout d'abord, l'excellente
carte du savant et distingué voyageur, M. Henri Duveyrier, et celle
publiée par le dépôt de la guerre. Les itinéraires suivis par les explorateurs Mungo-Parck, Caillé, Clapperton, Barth, Owerveg, Richardson.
Vogel, Bou Derba, Duveyrier, Gérard Rholff, Nachtigal, Docteur Lentz,
colonel Mircher, Soleillet, Largeau ont été tracés sur cette carte. Ceux
suivis par les deux missions Flatters, joints à l'ouvrage publié par la
société de Géographie de Paris, écrit en style si élevé et si patriotique
par M. le colonel Derrecagaix, ont aussi été indiqués.

Quoique cette carte soit bien imparfaite, nous osons espérer qu'elle
pourra être utilement consultée par les personnes qui se livrent aux
études géographiques sahariennes.

H. W.

PRÉFACE

Si, il y a dix-huit siècles, Rome sut faire de l'Algérie actuelle une sorte de grenier d'abondance de l'Italie ; si les provinces africaines purent apporter chaque année au Trésor public l'appoint de revenus énormes, enrichir leurs proconsuls, nourrir pendant longtemps des troupes considérables ; c'est parce que les armées romaines avaient su assurer à la colonie les deux choses les plus importantes : la sécurité extérieure au Sud et le monopole du commerce avec les peuplades du Soudan par la conquête et la pacification du Sahara.

Alors comme aujourd'hui, ces espaces immenses étaient défendus, plutôt qu'habités, par quatre ou cinq tribus guerrières dont le nombre se grossissait de tous ceux qui n'avaient pu se plier au joug du vainqueur, des déclassés, des criminels en fuite, des bandits de toutes les races et des bannis de tous les pays. Comme aujourd'hui aussi, ces tribus ne pouvaient vivre que du pillage des caravanes ou d'un impôt onéreux prélevé sur elles. Celles-ci, trouvant les chemins du Nord infestés de ces forbans, les abandonnèrent, prirent les routes latérales et causèrent au commerce des provinces romaines les dommages les plus sérieux. En même temps, rendues plus audacieuses par l'impunité de leurs premiers méfaits, les hordes sahariennes vinrent peu à peu harceler les points extrêmes de colonisation et jeter le trouble dans le Sud des possessions de Rome sur la terre d'Afrique.

Pour mettre fin à cet état de choses, une expédition fut organisée. Des troupes prises dans la troisième légion et commandées par Lucius Cornelius Balbus pénétrèrent dans le Sahara et s'avancèrent jusqu'au massif du Ahâggar ou Hoggar. Mais cette marche heureuse, qui valut à C. Balbus les honneurs du triomphe, ne suffit pas pour rendre le calme aux frontières. Il fallut qu'un demi-siècle plus tard, Septimius Flaccus puis Julius Maternus allassent jusqu'aux montagnes d'Aïr avec leur armée pour que la paix fût enfin assurée et, avec elle, la sécurité extérieure et les relations commerciales.

Notre colonie d'Algérie se trouve aujourd'hui dans une situation absolument identique. Les Touareg ont remplacé les Garamantes que vainquirent C. Balbus,

S. Flaccus et J. Maternus. Ils ont, comme eux, les
mêmes haines religieuses et nationales, mais plus
vivaces et plus violentes encore ; comme eux aussi,
ils ne seront jamais des alliés fidèles ; ils ne peuvent
être que des vaincus.

Ainsi que leurs prédécesseurs du Ier siècle, les
Touareg ont à nos portes une attitude hostile qui
empêche tout essai sérieux de colonisation. Ils re-
cueillent — et ne s'en cachent pas — les fuyards
de toutes les insurrections algériennes ; ils sont les
auteurs d'une foule de faits sinistres qu'on raconte
tout bas dans les villages du Sud et qui effraient à
bon droit cette tranquille population. Enfin, forts eux
aussi d'une longue impunité, ils ont eu, en 1876 et
tout récemment en 1880, cette suprême insolence de
venir par deux fois, presque sous les murs de
Tuggurth, razzier une de nos tribus fidèles, les Ouled
Saïah de Taïbin. On comprend aisément, devant tous
ces crimes impunis, devant cette hostilité flagrante,
le peu d'empressement des populations du Sud à
augmenter leurs cultures, à faire des établissements
durables, et on s'explique le nombre infime de colons
que, jusqu'à présent, cette région a su attirer.

La solution de cette situation d'insécurité, qui arrête
l'essor de la colonisation naissante, a été essayée
bien des fois et jusqu'à maintenant par des moyens

pacifiques. De courageux explorateurs ont voulu
pénétrer dans ces contrées inconnues et mysté-
rieuses, soit dans un but purement scientifique, soit
dans un but tout à la fois scientifique et commercial.
Quelques-uns ont traité avec ces pirates du Sahara
de puissance à puissance ; ils ont conclu des con-
ventions toujours violées, ont reçu des promesses
qui n'ont jamais eu d'exécution. La plupart d'entre
eux n'ont pu rentrer sains et saufs qu'en prenant
mille précautions contre leurs alliés de la veille et,
malgré tout, les ossements de plusieurs de ces
audacieux sont restés sur les routes qu'ils allaient
tenter de rendre au commerce algérien. En somme,
sauf au point de vue géographique, le premier pas est
encore à faire dans le Sahara.

On ne le fera, croyons-nous, qu'en agissant éner-
giquement, car c'est à tort que l'on a dépeint les
Touareg, ces gardiens du désert, comme accessibles
à nos principes civilisateurs ; que l'on s'est bercé de
l'illusion qu'ils pourraient nous ouvrir eux-mêmes les
anciennes routes des caravanes et y protéger nos
convois. Il y a dix ans, avant qu'il ne fût question
du chemin de fer trans-saharien, ils ont bien laissé
pénétrer sur leur territoire quelques missions scienti-
fiques ou quelques voyageurs isolés ; mais depuis
que le projet de relier l'Algérie au Soudan leur est

parvenu, rien de ce genre n'a réussi. Dournaux-
Duperré, Joubert, Bouchard, Paulmier, Mlle Tinne,
von Barry, le Père Richard ont été successivement
assassinés. En 1876, Largeau et Louis Say sont
obligés de rebrousser chemin, n'échappant au massacre que par miracle. En 1880, la première mission
Flatters est arrêtée au lac Menrhour et forcée de
retourner sur ses pas devant l'attitude singulière des
Touareg. Enfin lorsque, en 1881, le Colonel, encouragé
par de fausses protestations de dévouement, pénétra
de nouveau dans le Sahara, entouré d'ingénieurs et
avec le dessein bien connu des Touareg de déterminer
le tracé de la future voie ferrée, il vit tout à coup,
une fois au cœur du pays, alors que la retraite n'était
plus possible, se lever devant lui ses amis d'hier,
armés en guerre, lui barrant la route du Soudan et
put prévoir avant de mourir l'horrible épilogue de
la mission.

On a dit — on prouvera un jour, nous l'espérons —
que l'ordre du massacre est venu de haut et de loin
et que les Hoggar ont été poussés au crime par
des ambitions étrangères inavouables, adroitement
cachées, jusqu'au jour où un hasard soulèvera le
voile, derrière la haine de race, le fanatisme de
religion, la soi-disant atteinte portée à la liberté de
ce peuple envahi. Mais tout porte à croire que, s'ils

n'eussent obéi aux ordres de chefs religieux provoqués à force d'or et de présents, les Touareg Hoggar n'auraient jamais osé détruire, de leur initiative privée, une mission officielle française, parce qu'ils savaient la France derrière elle et parce que leurs coreligionnaires du Nord leur ont appris qu'elle fait payer chèrement le sang de ses enfants. Maintenant que, le crime commis, ils ont vu l'oubli se faire autour de ces morts héroïques, ils croient plus encore à l'impunité, se voient toujours les maîtres à nos portes et sont persuadés qu'au puits de *Garama* (1) ils n'ont eu affaire qu'à un ramassis d'aventuriers sans feu ni lieu, venus on ne sait d'où et allant au loin chercher fortune.

Il nous importe donc, il importe à notre honneur national, à nos traditions, de ne pas laisser plus longtemps sans punition un aussi épouvantable forfait. En même temps qu'elle sera l'accomplissement d'un devoir sacré, la future intervention fera cesser l'état d'irritation permanent dont nous constations plus haut les déplorables effets, donnera enfin satisfaction aux besoins du commerce français et algérien et fera participer aux bienfaits d'une civilisation meilleure cette immense population du Soudan que les appré-

---

(1) Puits à trois journées de marche au nord d'Assiou, où a eu lieu le massacre de la deuxième mission Flatters.

ciations les moins élevées portent à 60 millions d'habitants. Mais pour obtenir un résultat certain, il est nécessaire d'agir de suite, hardiment, vigoureusement; d'atteindre d'abord et de châtier les auteurs du drame sanglant de *Garama;* de se poser en maître dans le Sahara ; d'y commander désormais.

Cette politique d'intervention est obligatoire si l'on tient à la conservation de notre colonie africaine ; obligatoire pour sa sécurité personnelle comme pour sa grandeur et sa prospérité futures. Un écrivain distingué, à la fois homme politique et historien, disait récemment au sujet de la situation qui nous occupe : « La concurrence est de plus en plus ardente « entre les nations européennes, pour se disputer « ces débouchés lointains, ces stations aux portes « de la barbarie, qu'un instinct sûr indique à la vieille « Europe comme les têtes de pont de la civilisation « et les voies de l'avenir. Les nécessités d'une pro- « duction industrielle incessamment croissante, et « tenue de s'accroître, sous peine de mort ; la « recherche des marchés inexplorés ; l'avantage (si « bien défini par Stuart Mill) qu'il y a « pour les « vieux et riches pays de porter dans les pays neufs « des travailleurs ou des capitaux » : les tendances, « si rapidement développées par la vie moderne, qui « emportent les individus et les peuples hors de chez

« eux ; la science qui met à quelques heures de
« Londres, de Berlin ou de Paris, les extrémités du
« monde ; les progrès manifestes de la sociabilité
« européenne et des idées pacifiques, tout pousse
« les nations civilisées à transporter sur le terrain
« plus large et plus fécond des entreprises lointaines
« leurs anciennes rivalités..... Il n'y a rien à retrancher,
« rien à dédaigner, rien à laisser en friche dans notre
« domaine colonial. Il faut le conserver et le féconder,
« il faut l'étendre partout où il est manifeste qu'étendre
« est le seul moyen de conserver (1). »

Il est donc évident, pour tous ceux que préoccupent
les grandes questions algériennes, que la conquête
et l'occupation du Sahara, cette barrière du Soudan,
nous sont aujourd'hui imposées par la nécessité de
plus en plus urgente de créer pour notre commerce
de nouveaux et nombreux débouchés. L'outrage
récent fait au nom français en serait le prétexte ;
on ne saurait en trouver un plus légitime et plus
sérieux.

Les troupes ordinaires d'Afrique ne pourraient être
avantageusement employées à ces opérations ; non
pas certes que leur valeur ne soit à la hauteur des
situations les plus périlleuses ou des privations les
plus grandes, mais parce que leur équipement, leur

(1) A. Rambaud — *Les Affaires de Tunisie* — *Préface.*

remonte et leur recrutement ordinaires ne peuvent leur permettre de tenir dans le désert. L'organisation spéciale des troupes qui pourront y agir avec le plus de succès est le but et l'objet de cette étude ; et il nous a paru utile, en ce moment où la création d'une armée coloniale est à l'ordre du jour, de soumettre à l'appréciation tous les moyens de formation que nous avons cru être les meilleurs. Mais il faudrait que ces corps fussent organisés sans retard, car il devient urgent de prendre des mesures énergiques, n'importe lesquelles, celles que nous proposons ou d'autres, mais enfin d'en prendre. Il y va du prestige de notre domination sur le peuple arabe qui est à peine soumis ; qui, depuis quelque temps, s'agite sourdement et que les derniers événements d'Orient ont singulièrement ému. Qui sait ce qu'un avenir prochain nous réserve si l'on ne réprime immédiatement toutes ces menées, toutes ces audaces, tous ces crimes ? Au sujet des mêmes craintes, un homme qui a été des mieux placés et des plus aptes pour étudier la société arabe et observer l'état des esprits, écrivait en 1881 : « L'anéantissement de la mission « Flatters doit nous faire comprendre que l'esprit « des Touareg, surexcités par nos ennemis, est tenu « en éveil. Ce ne serait point la première fois que « les hommes voilés qui parcourent sans cesse les

« mornes solitudes du Sahara se rueraient sur les
« fertiles campagnes du nord de l'Afrique. Ces hommes,
« sous la dénomination de « moultimine » (voilés),
« composaient l'armée des Almoravides qui ont en-
« vahi au xi° siècle le Maroc, l'Algérie et les plaines
« de l'Andalousie. Je ne dis point qu'une invasion de
« leur part soit imminente, qu'elle soit facile, mais
« je dis qu'elle est possible puisqu'elle a eu lieu dans
« le passé. Qui peut affirmer que les descendants de
« ces mêmes hommes, obéissant à la voix d'un fana-
« tique, comme l'ont fait jadis leurs grands ancêtres,
« ne s'élanceront pas de nouveau des rives du Niger
« pour venir donner la main à d'autres hommes,
« musulmans comme eux, qui, cédant aux injonctions
« d'un autre fanatique, les aideraient à consommer la
« ruine de nos établissements (1) ? »

Caveant consules !

Biskra, décembre 1882.

Une partie des renseignements de toutes sortes
que contient cette étude a été puisée dans les excellents ouvrages de MM. les généraux Carbuccia,

(1) *Situation politique de l'Algérie,* par F. Gourgeot.

Hanoteau, et surtout dans celui de M. Henri Duveyrier, *Les Touareg du Nord*. Quoique l'éloge de ce dernier livre ne soit plus à faire, nous devons constater cependant que les informations récentes que nous avons prises auprès des personnages arabes les plus compétents sont venues corroborer de la manière la plus exacte les moindres détails descriptifs de la région et des peuplades que son auteur a visitées.

Nous devons aussi à l'obligeance de notre camarade Si Mohamed ben Belkassem, sous-lieutenant au 1er Spahis, khalifa de l'Agha d'Ouargla, de précieuses indications sur la production, l'élevage et le dressage du mehari. Qu'il reçoive ici tous nos remercîments.

PREMIÈRE PARTIE

———

SITUATION POLITIQUE DU SAHARA

CHAPITRE PREMIER

L'influence française et les influences hostiles.

En même temps qu'elle amenait l'amoindrissement de notre territoire et la fin de notre prépondérance en Europe, la guerre de 1870 vit commencer en Algérie une ère de révoltes, une série d'insubordinations partielles. Promptement apaisé sur le versant méditerranéen, l'esprit d'insurrection trouva un refuge chez les tribus nomades du Sahara. A l'Ouest, les Oulad-Sidi-Cheik, qui tenaient en échec le peu de troupes qu'on avait pu envoyer contre eux, faillirent amener une conflagration générale. A l'Est, le Schérif Bou-Choucha soulevait les tribus d'Ouargla, de Tuggurth et du Souf, livrait à Guemar un combat sanglant, massacrait la garnison de la capitale de l'Oued R'rir, et, la route du Nord étant libre, s'avançait sur Biskra. En ce moment, la majeure partie de l'ancienne armée d'Afrique, de retour de captivité, fut envoyée à la hâte dans le Sud. Organisées en colonnes mobiles, ces troupes furent lancées sur les rebelles, les battirent en plusieurs rencontres et les rejetèrent dans le Sahara, où Bou-Choucha lui-même fut pris par nos goums près d'In Salah.

Les insurgés tués ou dispersés, leur chef pris, l'insurrection n'eut plus la grande allure du début, mais elle ne cessa pas. Les Chaambaas d'Ouargla, de Metlili et d'El Goléah la continuèrent, d'une façon moins grandiose, dans l'extrême Sud de nos possessions, en plein désert. Les routes gardées par eux cessèrent d'être fréquentées, les relations commerciales s'interrompirent, la sécurité disparut. Cette situation alarmante et si préjudiciable à tous nos intérêts était la reproduction exacte, à dix-huit siècles d'intervalle, de celles qui avaient provoqué les expéditions de C. Balbus et de J. Maternus. C'est peut-être à ce souvenir qu'a été dû l'envoi d'une colonne à El Goléah.

Réunie à Tuggurth, à l'effectif de 700 hommes, et commandée par le général de Gallifet, cette colonne avait pour but d'enlever El Goléah aux Chaambaas insoumis qui en avaient fait leur refuge. L'intervention devait être autant que possible pacifique ; elle le fut. La proclamation envoyée par le général aux insoumis et leur accordant l'aman sous condition d'acquitter la contribution de guerre, fut écoutée par la plupart d'entre eux. A Hassi el Hadjar, les Chaambaas Mouadhi se rendirent et, le 24 février 1873, la colonne arrivait à El Goléah sans avoir tiré un coup de feu. Le 26, les Mekhadma et ce qui restait de Chaambaas firent leur soumission. Si El Arbi ben Naïmi, le chef des Oulad Sidi-Cheik, émerveillé et plus encore terrifié par les résultats de l'expédition, offrit ses services pour pacifier tout le Sahara ; on dut les refuser. Quelques jours après la djemaa d'In Salah annonça son intention d'envoyer la Gaâda, c'est-à-dire le gage de la soumission ; la Gaâda fut aussi refusée.

Ainsi donc, la simple apparition d'une faible colonne française dans le bassin de l'Oued-Mia avait effrayé le Gourara et le Touat au point qu'une seule parole eût suffi pour nous assurer la possession de ces régions. In Salah occupée, c'était la route du Soudan ouverte et dépendante de nous seuls, c'était la soumission des Touareg, c'était la paix à jamais assurée pour l'Algérie et une grande source de richesses pour son commerce. Tout cela est encore à faire à présent.

La marche victorieuse du général de Gallifet rendit l'influence française prépondérante dans les pays du Sud de l'Algérie. Elle prouva, aux tribus sahariennes comme à nous-mêmes, que le désert n'est pas inaccessible à nos soldats et que, désormais, une insulte au drapeau français pouvait être vengée, en quelque endroit du Sahara qu'elle fût faite, pourvu que la troupe chargée de ce soin fût hardiment et vigoureusement commandée.

Les gouverneurs de l'Algérie, qui se sont succédé de 1855 à 1870, étaient arrivés, par une politique habile, à obtenir d'excellents résultats sous ce rapport (1). Le nom français était respecté de tous les nomades du désert, les caravanes circulaient librement, les routes étaient sûres, les petits villages du Sud vivaient en paix avec leurs redoutables voisins. Le marabout Si Othman ben El Hadj, chef des Ifoghas, et l'émir El Hadj Ikhenoukhen recevaient chez eux et couvraient de leur protection un intrépide explorateur français, le seul dont le voyage ait eu des résultats. Les événements de 1870, en faisant cesser cette ligne politique, amenèrent en même temps l'insécurité. L'expédition d'El Goléah qui rétablit le calme fut bien vite oubliée et une série de faits, qu'il n'entre dans notre cadre ni de citer ni d'expliquer, ramenèrent, par leur effet sur les tribus du

(1) Mémoires du Maréchal Randon. Lettres au capitaine Margueritte, chef du Bureau arabe de Laghouat.

Sud Algérien et du Sahara, la même situation qu'aux
plus mauvais jours de 1871. Les Chaambaas, de nouveau
livrés à eux-mêmes, recommencèrent de concert avec
les Touareg leurs désordres et leurs brigandages. Le
martyrologe des explorateurs africains s'augmenta de
nouveaux et trop nombreux noms. Les caravanes, ne
se sentant plus protégées, reprirent les routes de l'Ouest
et de l'Est, évitant nos marchés. Quant aux gens du
Touat et du Gourara, qui en avaient été quittes pour la
peur, ils se jetèrent définitivement dans les bras du
souverain de Fez auquel ils paient aujourd'hui un impôt
religieux.

Une cause locale vint encore compliquer et aggraver
cette fâcheuse situation. La tribu des Touareg Azgar,
qui jusqu'alors avait dominé dans la confédération des
Touareg du Nord ; qui avait à sa tête des hommes de
valeur, moins hostiles que tous autres à notre civilisation ;
qui avait toujours été une alliée presque fidèle, cette
tribu fut vaincue dans une guerre civile par celle des
Touareg Hoggar. A la suite de ce succès, les Hoggar
devinrent les véritables maîtres du Sahara et des routes
de l'intérieur, l'insécurité augmenta, des raids hardis
furent dirigés par eux jusque chez nos tribus d'Ouargla
et de Tuggurth, et, tout récemment, lorsque la mission
Flatters se fut aventurée dans le désert, malgré les
avertissements du chef des Azgar, c'est eux encore qui
servirent d'instruments au crime. C'est cette tribu que
nous trouverons constamment devant nos pas lorsque
nous voudrons aller au Soudan ; elle qui nous empêchera
toujours d'y parvenir, comme elle en a empêché le
Colonel, tant que nous ne nous présenterons pas avec
des forces suffisantes.

Malgré leur défaite, malgré l'échec de la mission, les Touareg Azgar paraissent être restés nos alliés, car leur chef écrivait récemment pour offrir ses services. Il y a là une force avec laquelle il faudra peut-être compter plus tard et qu'il serait politique d'utiliser de suite, puisqu'elle s'offre, en l'appuyant de toute notre autorité.

Ainsi donc, dans le Sahara, sur les routes qui vont en Nigritie, nous trouvons tout d'abord deux tribus de Touareg, les Hoggar et les Azgar, dont la première nous est franchement hostile, et dont la seconde demande à être notre alliée. Les autres peuplades sahariennes, Oulad-Ba-Hammou et Touareg du Sud, attendraient probablement les circonstances pour se décider. Quoique les Oulad-Ba-Hammou fassent cause commune avec les Hoggar, il est possible de les en détacher en leur faisant entrevoir la prépondérance à In Salah, lorsque nous y serons.

Ce n'est là que l'influence matérielle opposée à la nôtre. Elle est restreinte, comme on le voit, et facile à faire disparaître. Mais il en est une autre que les mêmes moyens ne pourraient atteindre et qui, tous les jours, s'étend et gagne de plus en plus. Nous voulons parler de l'influence morale d'un ordre religieux dont le principal dogme est la haine du nom chrétien, les Snoûssia.

Fondée, il y a un peu plus d'un siècle, par Mohamed Es Snoûssi, pour propager le fanatisme contre les races occidentales et pour réunir leurs adversaires sous le même étendard, la confrérie des Snoûssia a réussi une fois déjà, selon son but, à nous créer de sérieux embarras. Lorsque le Schérif Mohamed ben Abdallah, notre ancien

Khalifa de Tlemcen, se révolta : ce fut un Moqaddem (1)
de cet ordre, El Hadj Ahmed El Aalem, qui lui recruta
le plus grand nombre de ses partisans. Cette intervention
de la Zaouïa (2) de Si Es Snoûssi fut le point de départ
d'une politique active, millitante, qui n'ayant pas eu,
depuis, l'occasion d'armer de nouveaux ennemis contre
nous dans les territoires occupés, en recrute à nos portes,
dans la Tripolitaine, le Fezzan, le Sahara et le Soudan.
Grâce à d'immenses ressources que met constamment à
la disposition du chef de l'ordre une propagande effrénée
faite par des Moqaddems heureusement choisis, de
nouvelles Zaouïas, foyer d'intrigues et de fanatisme, ont
pu s'établir à Rhat, à Rhadamès, à Sokna, à Mourzouk,
à Jerhâjib, à Wao et à Agades. Confinés à l'origine, avec
leur chef, dans un coin perdu de la Tripolitaine, au
Djebel El Akdar, les sectateurs des doctrines anti-
chrétiennes de Si Es Snoûssi ont aujourd'hui des frères
dans tout le Sahara. Ils ont entamé le Soudan par l'Est
et y avancent à grands pas, fanatisant les croyants,
convertissant les idolâtres, nous créant, en un mot, des
adversaires pour l'avenir.

Ceux qui suivaient, depuis ses premiers pas, la marche
envahissante de cette confrérie, crurent un instant, à la
mort du fondateur, survenue en 1859, que son jeune fils
n'observerait pas dans toute sa rigueur, soit par con-
viction personnelle, soit par défaut d'énergie, les règles
que Si Es Snoûssi avait tracées. Il parut en effet s'en
écarter et vouloir se contenter d'un rôle purement

---

(1) *Moqaddem*, littéralement : *celui qui marche en avant*, vicaire
d'un chef de confrérie.

(2) *Zaouïa*, maison d'école où est professée la doctrine du chef de
l'ordre.

expectant ; mais, dominé par les anciens Moqaddems de son père, il finit par leur abandonner toute l'autorité. Ceux-ci, depuis, en ont largement profité pour étendre jusqu'au Niger leur influence néfaste.

Nous ne pouvons rien, ou presque rien, à l'heure actuelle, contre l'ordre des Snoûssia. La propagande des confréries rivales que nous dirigerions contre lui ne donnerait pas de bien grands résultats, n'étant pas soutenue. Mais, lorsque nous tiendrons le pays, il nous sera facile d'avoir raison de cet ordre, — comme nous avons eu raison des autres ordres algériens depuis la conquête, — en interdisant les collectes qui seules le font prospérer. Les offrandes locales, que l'on ne peut empêcher, suffisant à peine à le faire vivre, il est probable qu'alors son chef et ses Moqaddems changeront de tactique, comme bien d'autres, pour les mêmes motifs, en ont déjà changé.

Il est aussi d'autres influences qui nous disputent les routes du Sud et qui nous les enlèveront peut-être sous peu, si l'on n'y prend garde. Les efforts que, depuis longtemps, les Allemands et les Italiens d'un côté, les Anglais de l'autre, font pour pénétrer avant nous dans l'Afrique centrale par le Nord, ces efforts ne sont un secret pour personne. Il n'est rien que n'emploient les Agents de ces nationalités pour se rendre favorables les chefs religieux et politiques des territoires qu'aura à traverser la voie ferrée qu'ils projettent de faire arriver au Soudan. Ambassadeurs spéciaux, riches présents, promesses, tout est par nos rivaux mis en œuvre pour ruiner au profit de la leur le peu d'influence qu'il nous reste dans le Sahara et sur le Niger. Allemands et Anglais avancent à grands pas, les premiers par Tripoli et Mourzouk, les seconds par toute la côte ouest. Qui sait si, un de ces jours, cette zone de désert étant à prendre, les deux nations dont nous parlons ne vont pas se la partager ? Et, dans cette hypothèse, serait-il extraordinaire de voir, au bout de quelques années, les tribus soumises à ces nouvelles colonies disputer aux nôtres les puits frontières du Sahara et obliger leurs maîtres à prendre parti pour elles ? C'est là un *casus belli* auquel certainement bien peu de personnes ont osé songer et qui, pour si singulier qu'il puisse paraître, a peut-être plus de probabilités qu'on ne croit.

CHAPITRE II

Les Tribus du Sahara.

Dans l'immensité du désert africain, si inhospitalier et si stérile, vit et s'agite cependant un peuple qui a échappé jusqu'à présent à toutes les dominations, qui tantôt protège, tantôt rançonne les villages et les caravanes, qui est devenu la terreur de tous ses voisins. Son nom de nation est Imôchark qui signifie « libre », et ce nom existe dans ses plus anciennes traditions ; mais les Arabes, pour stigmatiser ses habitudes de pillage, lui ont donné celui de Touareg (1) qui veut dire « voleurs de nuit », et c'est sous cette dernière dénomination que ce peuple est connu.

Les Touareg se divisent au point de vue territorial en deux grandes confédérations, les Touareg du Nord et ceux du Sud. Chacune de ces deux confédérations comprend deux tribus principales subdivisées elles-mêmes en plusieurs fractions.

(1) De *Taraka*, assaillir de nuit, faire des incursions nocturnes, tuer et piller pendant la nuit, d'où *tarki*, *targui*, féminin *targuia*, au pluriel *Touareg* — *en nas li Teurgou*, les gens qui pillent de nuit. — Une autre étymologie, qui est celle que les Touareg acceptent, est donnée de ce nom. *Touareg*, d'après, eux viendrait de *Tarek*, *il a renié*, d'où par corruption, *targui*, *targuia*, *Touareg*. Les Touareg ont, en effet, renié la foi musulmane après une première conversion.

Aucun lien politique permanent ne réunit ces tribus et ces fractions qui cependant appartiennent au même peuple. L'intérêt du moment est la seule règle des alliances et, bien souvent, de sanglantes guerres civiles ont éclaté entre les tribus d'une même confédération, entre les fractions d'une même tribu. C'est là, du reste, *le cas de tous les peuples qui ont eu dans leurs commencements la même organisation politique et sociale.*

Les quatre grandes tribus Touareg se sont partagé le désert. Chacune d'elles, suivant l'expression de Henri Duveyrier, « a adopté, comme centre de sa vie politique, un système isolé de montagnes, refuge de son indépendance et foyer de ses libertés. » Les limites d'influence se sont fixées autour de ces quatre massifs et dans leur rayon d'action. Ces limites sont, à peu près, entre la confédération du Sud et celles du Nord, la ligne Timissao, Assiou, In Guezzam; entre les tribus de l'Est et celles de l'Ouest, les deux grands fleuves du Sahara, l'Oued Igharghar et l'Oued Tafasasset (1).

La confédération des Touareg du Nord comprend les Azgar à l'Est et les Hoggar (2) à l'Ouest; les premiers rayonnant autour du Tasili du Nord; les seconds, autour des monts Hoggar.

Les Azgar, cela a été dit, peuvent être considérés comme nos alliés et constitueront, quand nous voudrons occuper le Sahara, un Magzhen solide et dévoué. C'est grâce à cette tribu, par son territoire et sous la protection de ses chefs, que des chrétiens ont pu pénétrer dans le

---

(1) *Les Touareg du Nord*, par Henri Duveyrier.

(2) Les dénominations de *Azgar* et de *Hoggar*, par lesquelles les Arabes désignent les deux principales tribus de la Confédération du Nord, seront adoptées, dans le cours de cette étude, à la place des noms purement temachek de *Azdjer* et de *Ahâggar*.

Sahara, l'explorer, et, toujours gardés par eux, gagner l'Afrique centrale. C'est l'émir El Hadj Ikhenoukhen, et un de leurs marabouts vénérés, Si Othman ben El Hadj, qui prirent sous leur égide et guidèrent le voyageur Henri Duveyrier. C'est ce même Ikhenoukhen qui, lors du départ de la deuxième mission Flatters, prévenait le Colonel que les Hoggar lui étaient hostiles et qui, après le désastre, mettait sa tribu au service de la France pour aider à venger nos compatriotes si lâchement assassinés. On dut refuser cet appui, mais grâce au patriote éminent et dévoué qui occupe le consulat de Tripoli, El Hadj Ikhenoukhen n'en est pas moins resté l'ami du nom français et sera probablement notre allié, nous l'espérons, quand sonnera l'heure des représailles.

Les fractions des Azgar qui fournissent des guerriers (1) sont au nombre de dix :

Les Oraghen,

Les Imanân,

Les Ifòghas,

Les Ihadhamaren,

Les Imanghasaten,

Les Ihehaouen,

Les Kel Izaban,

Les Imettrilâlen,

Les Ilemtin,

Les Tinalkoum,

ces cinq dernières peu nombreuses et souvent confondues avec les cinq autres. Au total, les Azgar peuvent lever

---

(1) Les guerriers Touareg qui se sont distingués dans les combats, portent, sous leur turban rouge et blanc, une calotte rouge ornée d'un gland en soie ; ceux qui n'ont à leur avoir aucune action d'éclat gardent le milieu de la tête nue.

environ 800 cavaliers à mehara et 1.500 fantassins, ceux-ci pris parmi les Serfs.

Les Azgar ont ainsi réparti entre leurs fractions la surveillance des routes : De Rhadamès au Touat, les Ifôghas, de Rhadamès à Rhat, les Imanân ; de Rhat au Gourara et au Touat, les Imanghasaten et les Ihehaouen.

Cette surveillance, qui n'est l'objet d'aucune contestation, constitue, pour chacune des fractions que nous avons indiquées, une source de revenus, la seule honnête qu'elles puissent trouver dans le désert.

Les Hoggar, la deuxième tribu des Touareg du Nord, ont leur centre d'action dans le massif du Ahâggar, le Hoggar des Arabes. Pendant l'automne, l'hiver et le printemps, ils ont leur campement sur l'Oued Agraguir et à Koudia (1) où leurs serfs cultivent des arbres fruitiers, des légumes et des céréales. Au printemps, ils s'en éloignent pour faire pâturer leurs troupeaux et restent dans la montagne jusqu'au milieu de l'été.

Plus nombreux, plus indépendants et plus pillards que leurs voisins, les Hoggar sont détestés et craints de toutes les peuplades du Sahara et n'ont guère pour alliés actuellement que les Oulad Ba-Hammou. Depuis fort longtemps les hostilités existent, soit à l'état latent, soit à l'état actif, entre eux et les Aouélimmiden, les Kel-Ouï, les Azgar et les tribus du Maroc. Depuis le massacre de la mission Flatters, l'éloignement de leurs compatriotes s'est encore accentué, car ceux-ci ont craint d'être

---

(1) Koudia ou El Koudia, à 10 jours de marche d'In Salah et à 2e d'Ouargla, par Hassi El Messeguem. Les Arabes désignent surtout par ce nom l'extrémité Est du grand plateau qui est au N.-E d'In Salah.

compris dans les mèmes représailles. Aujourd'hui, un homme habile et hardi pourrait facilement armer contre les Hoggar les trois quarts des guerriers du Sahara.

Cette tribu, qui peut mettre sur pied environ 900 mehara et 2.000 fantassins, se compose de treize ou quatorze fractions dont les principales sont : les Rhela, les Taïtoq, les Iboguelan, les Ennitra, les Ahamellen, les Essakal et les Eggali. Les quatre premières, qui ne vivent que de brigandages, ont pris la plus grande part au crime de Garama.

Les Oulad Ba-Hammou, que nous avons déjà cités, sont une tribu d'origine arabe qui campe habituellement au Nord-Est d'In Salah, sur le plateau de Tademayt. Alliés et un peu parents des Hoggar, ils protègent et gardent pour ceux-ci et pour eux-mêmes le Gourara, le Touat et le Tidikelt, où ils ont des frères, contre les incursions des Beràber, des Douï-Menia et des Oulad Moulet du Maroc. Ils peuvent fournir un contingent de trois cents hommes que la défense d'In Salah et de Tamentit absorberait dans le cas d'une action contre les Hoggar; ils ne pourraient donc se joindre effectivement à eux.

Dans cette énumération des forces du Sahara, il est nécessaire de comprendre In Salah à cause de la puissance commerciale dont elle est le centre; à cause des immenses ressources qu'elle peut fournir aux tribus qui se sont donné la mission de la protéger.

Quoique la moins ancienne des villes du Touat, In Salah en est aujourd'hui la plus considérable et la plus importante au triple point de vue politique, religieux et commercial. C'est là qu'intriguent les partisans de la résistance contre nous, là que sont les Moqaddems des

chefs de confrérie, là que se brassent les plus grandes
affaires, d'où viennent et où arrivent la plupart des
caravanes. Cette ville a su, en moins de trois siècles,
réunir, dans les quatre Ksour (1) qui la composent, les
commerçants les plus riches, les hommes politiques les
plus remuants et, par suite, les représentants des ordres
religieux les plus considérés. C'est le magasin des Touareg
et des Oulad Ba-Hammou, le refuge des Oulad Sidi-Cheik
et de tous les révoltés repoussés de l'Algérie. Elle fournit
aux Hoggar et aux Oulad Ba-Hammou, presque toujours
gratuitement, tout ce qui leur manque, et ceux-ci, en
revanche, par la protection dont ils couvrent ses caravanes, par la sécurité extérieure qu'ils lui assurent, lui
permettent de s'adonner tout entière au commerce, de
grandir et de s'enrichir de plus en plus.

La ville de In Salah proprement dite est composée de
quatre Ksours : El Kbir, Oulad El Hadj, Derhemcha et
Belkassem, autour desquels sont groupés seize autres
villages fortifiés. Sa population, comme celle de tout le
Touat, est formée d'Arabes et de Rouara (2).

Le deuxième groupement territorial des Touareg, celui
des Touareg du Sud, comprend, comme le premier, deux
principales tribus : les Kel Ouï (3) et les Aouelimmiden.

Les Kel Ouï ont leurs villages et leurs terrains de
parcours au Sud-Est, autour du massif d'Aïr ou d'Asben

---

(1) *Ksour*, pluriel de *Ksar*, village fortifié.

(2) Race particulière que l'on trouve dans toutes les régions basses
du Sud algérien et qui paraît être la descendance, plus ou moins
dégénérée, de l'ancienne population autochthone. Son vrai nom serait
donc race *garamantique*. (H. Duveyrier.) Les Arabes l'ont appelée
Rouara, gens de l'Oued R'rir, parce que c'est sur ce point de l'Algérie
qu'elle a le plus de représentants.

(3) *Kel* signifie « gens de. »

qui renferme le Timghit, le mont le plus élevé du Sahara; leur influence s'étend, au Nord, jusqu'à Assiou; au Sud, jusqu'au Soudan.

L'illustre docteur Barth, qui a visité les Kel Ouï, n'a pas retrouvé chez eux le même type de race que chez leurs frères du Nord. Les tribus qui, venues avec celles qui ont formé les Azgar et les Hoggar, s'en sont détachées pour conquérir le pays d'Asben, ont dû s'allier à la longue avec la population nègre indigène. De ces alliances est sortie la race abâtardie, aux membres grêles, au teint foncé qui forme aujourd'hui la plupart des fractions de cette grande tribu où le type pur n'existe plus que dans quelques rares familles.

Les divers groupes des Kel Ouï sont, en allant du Nord au Sud : les Kel Ouï proprement dits, les Kel-Hasanarès, les Ikeskezen, les Kel Akouas, les Kel Ferouan, les Igdhalen, près d'Agadès, sur la route de Sokoto, enfin les Kel Reress et les I-Ti-San, tout à fait au Sud des précédents.

Ces différentes fractions, qui, en restant unies, pourraient mettre sur pied 8 à 9.000 hommes en y comprenant les serfs, sont constamment en guerre l'une contre l'autre et passent leur temps à se prendre et à se reprendre les villages et les riches pâturages qu'elles possèdent. C'est à cause de ces querelles intestines qu'elles n'ont presque jamais pu repousser les attaques de leurs voisins de l'Occident, les Aouélimmiden, qui font souvent chez eux de grandes incursions.

Cette tribu des Aouélimmiden, presque aussi nombreuse que les Kel Ouï, occupe dans le Sahara la zone qui s'étend entre l'Oued Tafasasset et les terres de parcours des nomades du Maroc. Trois de ses fractions, les principales,

Aouélimmiden proprement dits, Iguadaren et Kel Tademehket, rayonnent autour du système montagneux de l'Adragh et surveillent les routes qui vont du Niger au Touat et au Fezzan. Nombreuses et essentiellement guerrières, ces trois fractions ont souvent pesé sur les destinées de Tombouctou et des royaumes nègres de la vallée du grand fleuve africain. Cette immixtion dans les querelles de leurs voisins a peu à peu contribué à détacher de la tribu mère un grand nombre de groupes qui ont fini par se fixer dans les territoires de l'intérieur qu'ils avaient aidé à conquérir, où on leur a donné des terres et où ils paraissent vouloir rester désormais.

Bien que l'islamisme ait été imposé, jadis, à tous les Touareg par la force des armes, ils reconnaissent l'autorité religieuse du Sultan de Constantinople au point que l'on a vu récemment Ahitaghel, le chef Hoggar qui a dirigé le massacre de la mission Flatters, prier le Kaïmakam de Rhadamès de porter ce triste exploit à la connaissance du Chef des croyants, duquel il espérait peut-être des encouragements ou une récompense. Beaucoup d'entre eux font le pèlerinage de la Mecque et presque tous sont affiliés à un ordre religieux. Les Touareg du Sud, les Aouélimmiden surtout, portent le chapelet des Bakkay, les marabouts vénérés de Tombouctou; ceux du Nord sont ou des Tedjania, ou de l'un des autres ordres algériens. Mais parmi eux, sauf peut-être au Sud-Ouest, se sont glissés depuis quelque temps les envoyés de la Zaouïa de Si Es Snoûssi, prêchant la haine, ravivant le fanatisme et trouvant d'autant plus d'écho que nos projets de ces dernières années ont effrayé la plupart des peuplades ignorantes du désert. Ils se sont installés, nous l'avons dit, au Gourara, au Touat, à In Salah, à Rhat, à Agadès, ont envahi les royaumes nègres et, si rien ne vient entraver leur énergique prosélytisme, ils tiendront avant peu sous leur domination absolue toutes les tribus du Sahara, de nos frontières au Soudan.

DEUXIÈME PARTIE

DU DROMADAIRE

CHAPITRE PREMIER

Histoire naturelle.

Le dromadaire est un ruminant du genre camellien, genre dont le type est le chameau d'Asie et dont la caractéristique est la présence sur le dos d'une ou de deux excroissances graisseuses recouvertes par la peau et appelées bosses.

Ce genre se divise donc tout naturellement en deux sous-genres : l'espèce à deux bosses qui est le chameau d'Asie, et l'espèce à bosse unique qui est le dromadaire.

On croit généralement que le dromadaire est originaire de l'ancienne Bactriane (Khanat de Balk, Turkestan actuel), comme son congénère à deux bosses, le chameau. Il a été importé en Algérie à une époque inconnue, mais dans tous les cas bien antérieure aux invasions arabes du XIᵉ siècle, quoique quelques savants et quelques voyageurs aient affirmé le contraire. Quelle que soit l'époque de son apparition, cet animal s'est merveilleusement acclimaté dans tout le nord du continent africain, du littoral du Soudan, et il y constitue aujourd'hui une précieuse source de fortune.

Son nom en grec signifie coureur. A première vue déjà, sa conformation semble justifier ce nom et, bien que la majeure partie des sujets soit depuis longtemps employée aux transports, ce qui a abâtardi la race, on verra plus loin que les qualités remarquables de fond et de vitesse qui ont fait appeler cet animal δρομεύς se sont conservées dans quelques produits obtenus par sélection : les Mehara (1).

Le dromadaire est un des plus grands mammifères du globe ; sa taille atteint souvent deux mètres au garrot. Son corps énorme, son long cou, ses jambes grêles que terminent de grands pieds aplatis, le font paraître difforme. La tête est osseuse, allongée, à proéminence occipitale très accusée ; l'oreille est petite ; l'œil saillant et protégé par une double paupière ; la pupille oblongue et horizontale ; le sens de la vue très développé. Les narines, percées loin de l'extrémité du museau, sont deux simples fentes que l'animal ouvre et ferme à volonté. Il n'existe pas, autour de ces narines, le corps glanduleux qui forme le mufle des autres ruminants. L'odorat est d'une finesse extrême. La lèvre supérieure est fendue dans son milieu et chaque moitié est susceptible de mouvements indépendants et variés ; elle constitue un organe de tact et de préhension très délicat.

Le pied du dromadaire est admirablement fait pour le sol du pays où il est appelé à vivre. Comme celui des autres ruminants, il est bifurqué ; mais les doigts de chaque pied ne sont pas enveloppés de corne et portent seulement à la dernière phalange un ongle court et crochu. Une sorte de semelle calleuse et élastique en recouvre la face intérieure et permet à l'animal de

---

(1) *Mehara*, singulier *Mehari*, chameau coureur réservé pour la selle.

marcher aisément dans les endroits sablonneux d'où le cheval ne se tirerait qu'au prix d'efforts inouïs.

Le dromadaire a sur le corps sept callosités. Une seule est naturelle, celle du sternum ; elle existe sur le jeune dromadaire dès sa naissance et on la trouve aussi chez les avortons. Cette callosité est épaisse de deux centimètres et demi et aussi dure que la corne dont elle a, du reste, la substance. Les autres callosités, quatre aux jambes de devant, deux aux jambes de derrière, sont acquises et ne sont que le résultat de l'épaississement de la peau.

La bosse unique que le dromadaire a sur le dos n'a pas de base osseuse. Elle est entièrement composée d'un tissu adipeux plus ou moins abondant selon l'état de santé de l'animal. Produite par la surabondance de nourriture, elle constitue une sorte d'aliment d'épargne dont la résorption compense en temps opportun les pertes produites par une disette prolongée. Il est curieux de voir, pendant les marches longues et pénibles, cette bosse diminuer graduellement et disparaître presque, ne laissant à sa place que l'excédant de peau qui lui a servi d'enveloppe et qui pend, flasque et ridée.

Les parties génitales du dromadaire mâle et femelle sont en tout semblables à celles des autres espèces animales. Les testicules sont petits, eu égard à la taille, et le fourreau, portant en arrière, attire à lui l'extrémité de la verge, ce qui oblige l'animal à uriner entre les jambes de derrière et non plus en avant. Cette particularité cesse pour l'accouplement; la verge reprend une direction normale.

L'anatomie du dromadaire présente aussi à l'observation des particularités remarquables. La langue est couverte de fortes papilles, non plus régulièrement placées comme chez la plupart des animaux, mais formant des dessins irréguliers très visibles. Il existe dans le pharynx un prolongement de la muqueuse buccale qui y pend librement et que l'animal, lorsqu'il est en rut ou en colère, chasse de sa bouche avec bruit. A l'intérieur de la bouche, cette muqueuse offre des rides et des plis considérables qui forment une poche recouverte de longues papilles où séjournent les aliments pendant la rumination.

Le cerveau du dromadaire est beaucoup moins volumineux que celui du bœuf. Il est divisé, comme celui-ci, en deux lobes et enveloppé des mêmes membranes. La trachée-artère est très étroite ; les poumons ont les dimensions de ceux d'un cheval de grande taille ; le cœur est relativement petit et les oreillettes n'ont pas avec les ventricules le même rapport de volume qu'elles présentent dans presque tous les quadrupèdes. Elles sont, chez le dromadaire, presque aussi grandes que ces derniers.

Le foie est divisé en deux grands lobes subdivisés en un grand nombre de lobules, lesquels sont découpés en forme de losanges et peuvent être soulevés isolément. Son parenchyme est d'un brun foncé, fragile, cassant, facile à déchirer, très vasculaire et formé d'une série de granulations d'où partent les ramuscules du canal cholédoque qui porte directement la bile dans le duodenum. La vésicule biliaire manque complètement.

Comme tous les ruminants, le dromadaire a quatre estomacs dont le premier, la panse, présente un phéno-mène singulier qui explique, croyons-nous, la faculté qu'a l'animal de se passer de boire pendant un temps considérable. Ce premier estomac est partagé en deux poches distinctes dont l'une est garnie de cellules cubiques contenant toujours de l'eau, fermées par des filets ou brides longitudinales, sans communication entre elles et s'ouvrant de dedans en dehors, par pression. Ces cellules constituent par leur ensemble une sorte de réservoir. A quelque époque qu'on ouvre le corps d'un dromadaire, on trouve toujours dans ce réservoir une certaine quantité d'eau. C'est à tort que l'on croit que cette eau est déposée, accumulée là, par l'animal prévoyant qui la prend au dehors partout et aussi souvent qu'il en trouve l'occasion. Il faut considérer ce liquide comme provenant d'une véritable sécrétion, analogue au phénomène physiologique qui remplit d'air la vessie des poissons et qui remplit d'eau l'urne des népenthès parmi les végétaux.

Cela est si bien une sécrétion que la quantité d'eau produite est intimement liée au bon fonctionnement des autres sécrétions et de tout l'organisme de l'animal. Les cellules qui tapissent la poche à eau chez un dromadaire mort en pleine santé, par accident, sont toujours pleines. Si l'animal, quoique prenant encore quelque nourriture, est mort faible et amaigri, ces cellules sont ridées et contiennent peu d'eau. Enfin, elles n'en renferment pas ou presque pas, si la bête est morte de faim, c'est-à-dire après l'abolition lente et graduelle de toutes les fonctions.

Malgré le cri rauque et discordant qu'il jette lorsque l'homme l'approche ou le touche, malgré sa bouche à ce moment ouverte et menaçante, le dromadaire est un des animaux les plus doux. Cependant quelques vieux dromadaires non châtrés deviennent dangereux à l'époque du rut. Si une ou deux frictions faites sur la tête avec du goudron ne parviennent pas à les calmer, on est obligé de les abattre.

On reconnaît le rut à une sueur fétide plus ou moins abondante qui suinte de la tête entre les deux oreilles. De quatre à cinq ans, le dromadaire n'entre en rut qu'au printemps ; à partir de six ans et au-dessus, il entre en rut au mois de janvier. A cet âge, et pendant toute la durée du rut, il fait sortir avec bruit de sa bouche ce prolongement du voile du palais dont nous avons parlé, et qui alors dépasse les lèvres de quinze à vingt centimètres.

Le rut dure environ deux mois, janvier et février, pendant lesquels le dromadaire ne mange presque pas et maigrit considérablement. Cette époque passée, il reprend promptement son embonpoint et reste absolument calme pendant le reste de l'année.

On ne conserve pour la reproduction que les sujets les plus beaux et les plus vigoureux ; tous les autres sont châtrés. L'Arabe y trouve de grands avantages, car le dromadaire châtré conserve plus longtemps ses forces et peut servir à toute époque de l'année. La castration peut se faire sans aucun danger jusqu'à l'âge de dix ans ; elle se pratique au printemps et de diverses manières, soit en perçant les testicules avec un fer rouge, soit en ouvrant la peau avec un couteau et en détachant les testicules de leur enveloppe. Ces deux modes d'opérer n'exigent aucun traitement ; la bête peut travailler dès le lendemain.

La femelle du dromadaire porte un an et ne met bas qu'un seul petit. Elle n'est apte à concevoir de nouveau que l'année suivante ; il y a cependant quelques exemples très rares, de femelles qui ont mis bas deux années de suite. Le jeune dromadaire tette debout dès le premier jour et marche vers le septième. A partir du second mois, il ne tette plus à volonté, le sevrage commence. Les mamelles de la mère sont enveloppées d'un filet que l'on n'enlève qu'à heures fixées; l'Arabe consomme l'excédant du lait. On sait que dans le Sahara le nomade tire une grande partie de sa subsistance du lait de chamelle qui est très nutritif.

Le jeune dromadaire peut porter ou être monté dès l'âge de quatre ans. C'est pendant l'automne et l'hiver qu'il peut fournir la plus grande somme de travail; les plantes et les arbustes du désert qui sont la base de sa nourriture sont à cette époque, plus qu'à toute autre, abondants et nutritifs. Pendant le printemps, où plantes et arbustes deviennent maigres et rares, le dromadaire ne saurait, sans dépérir beaucoup, fournir de longues marches. Pendant l'été, il est bon de ne le faire travailler que fort peu; d'abord parce que l'herbe manque, ensuite parce que, le poil ayant été coupé, la piqûre de la grosse mouche dite *debeb* produit les effets les plus désastreux.

La moyenne de la vie du dromadaire est vingt ans. Son âge se reconnaît aux dents, jusqu'à l'âge de quinze ans, d'une manière aussi certaine que celui du cheval jusqu'à dix ans. Les signes sont différents pour ces deux animaux. Le cadre restreint de ce travail ne nous permet pas de donner les caractères spéciaux à chaque âge, de la naissance à dix-huit ou vingt ans. Ils sont trop nombreux et trouveront leur place plus tard, ainsi que d'autres détails d'anatomie et de mœurs, dans une étude plus approfondie et toute particulière de cet animal.

La conformation toute spéciale du dromadaire en fait

réellement l'animal par excellence des vastes espaces à sol sablonneux du désert. Son large pied, qui s'agrandit encore par la pression, ses jambes hautes et grêles lui permettent de franchir, sans presque aucun surcroît de fatigue, ces immenses étendues de sable, où les dunes succèdent aux dunes et où l'homme à pied et le cheval n'avancent qu'avec mille difficultés. En revanche, il se fatigue et se blesse dans les endroits pierreux et sa marche y est lente et peu sûre. Les Arabes qui vont dans le Tell, ou qui traversent les plateaux rocheux du désert avec des dromadaires chargés, leur mettent aux pieds, dans les endroits les plus difficiles, d'épaisses semelles de cuir s'attachant aux canons comme des sandales.

CHAPITRE II

Hygiène et Maladies.

Il est bon de suivre la plupart des principes des Arabes en matière d'hygiène du dromadaire; ils sont le résultat d'une longue expérience et d'une pratique constante de cet animal.

La sobriété naturelle du dromadaire, conséquence du milieu dans lequel il vit, rend son alimentation des plus faciles. Le désert produit en abondance les broussailles et les herbes qui forment la base de sa nourriture et dont il est, du reste, très friand. A part quelques rares plantes qui sont pour lui des poisons et qu'il sait éviter, il mange tout ce qui est vert, tamaricinées, crucifères, conifères, graminées, etc., etc. Or, il est peu d'endroits dans le Sahara où ne poussent en abondance une ou plusieurs de ces variétés. Sa subsistance est donc partout assurée; au cas où cependant elle manquerait absolument sur un point, il sait se contenter d'un peu d'orge ou de quelques poignées de noyaux de dattes que ses puissantes molaires broient aisément.

Si le dromadaire mange presque tous les végétaux que la terre produit, il faut aussi qu'il en consomme beaucoup; vingt kilogrammes de bois ou d'herbes par jour sont la quantité qu'il lui faut habituellement. Il boit peu, au printemps surtout, parce qu'alors toutes les plantes sont remplies de sève; il boit davantage en été. Les chameliers du Sahara font boire leurs bêtes aussi souvent qu'ils le peuvent, mais il est certain que, s'il y a disette d'eau, le dromadaire peut rester de quatre à sept jours sans boire. Dans ce cas, à partir du quatrième jour, il maigrit un peu.

Les Arabes ont bien soin de ne pas laisser pâturer les dromadaires tant que la rosée de la nuit n'a pas complètement disparu. On les voit en été, lorsque le départ de la caravane a lieu pendant la nuit, presser le pas de leurs animaux pour les empêcher de happer au passage quelques tiges ou quelques feuilles. Une fois le soleil levé, ils ralentissent l'allure et les laissent manger à discrétion.

Une pratique d'hygiène générale, fort en honneur chez les Arabes, consiste à faire au dromadaire quatre frictions par an avec un mélange d'huile et de goudron. Ces frictions se font sur tout le corps, des oreilles à la queue, et à la partie supérieure des jambes. La première a lieu au printemps, lorsqu'on a coupé le poil de l'animal; après cette friction, il est bon de ne pas mettre le bât ou la selle pendant une dizaine de jours. Tous les trois mois on répète cette opération, mais alors sur le poil qui a repoussé. Ces frictions doivent être plus légères que la première et ne comprennent pas la partie du dos qui touche le bât; vingt-quatre heures après on peut faire travailler l'animal. Cette opération du goudronnage doit toujours se faire par un temps sec; on comprend pourquoi.

Grâce à sa robuste constitution, à sa sobriété et à son alimentation uniforme, le dromadaire, si on le laisse dans le pays qui lui est propre, le Sahara, est peu sujet aux maladies générales qui frappent les autres animaux. La plupart des affections internes — maladies de l'appareil digestif, des organes respiratoires, des séreuses, du système lymphatique et du système nerveux — ne l'atteignent que très rarement. Les maladies à caractère épidémique, analogues à la morve des chevaux, au typhus des bœufs, à la clavelée des moutons, ne sévissent jamais dans les troupeaux de dromadaires.

Le nombre des maladies qui peuvent affecter cet animal est donc peu considérable. Il se réduit à deux principales : les suites de la piqûre de la mouche appelée *debeb,* la gale; et à quatre secondaires : le magoub, le moroos, la slemma et le metla.

Le *debeb* est le taon d'Europe. Il atteint en Algérie une grosseur double et sa trompe, coudée et articulée, aussi dure que de l'acier, fait aux dromadaires auxquels il s'attaque de profondes et terribles blessures.

Ce diptère apparaît au mois de juin. Il naît en quantités innombrables dans les endroits marécageux aux bords desquels le printemps a mis quelque verdure, et commence à s'attaquer aux animaux dès que ses ailes sont poussées, alors qu'il a à peine la taille d'une mouche ordinaire. Il grossit rapidement et, vers la fin de juillet, la plupart des sujets ont, de la tête à l'extrémité du corps, une longueur de deux à trois centimètres.

Les effets du *debeb* ne sont réellement désastreux que lorsqu'il agit en troupes nombreuses, et le cas est fréquent. Il nous a été donné de voir passer devant nous, sur les bords de l'Oued Itel, dans un état d'affolement impossible à dépeindre, un troupeau de trois à quatre cents dromadaires assaillis et poursuivis par le *debeb.*

Les bergers qui les suivaient, aidés de quelques indigènes, parvinrent à arrêter leur course dans un endroit
sablonneux et dépourvu de toute végétation. La plupart
des dromadaires avaient la tête, le ventre et le haut des
jambes couverts de debeb. Enveloppés par les bergers et
leurs aides, ne pouvant fuir dans aucune direction, ils
tournoyaient, ivres, affolés, furieux, beuglant sourdement, se heurtant, s'entre-choquant, puis tombant sur le
sable, asphyxiés ou les jambes brisées. Grâce à la nuit
qui vint, ce troupeau ne perdit qu'une trentaine de
bêtes, la plupart suffoquées par la rapidité de leurs
mouvements, les autres ayant un ou plusieurs membres
fracturés.

Les Arabes n'ont pas d'autres moyens préservatifs du
debeb que les frictions trimestrielles de goudron qu'ils
font subir aux dromadaires. Ce moyen est insuffisant,
dès le deuxième mois le goudron a perdu toute son odeur
et n'éloigne plus le debeb.

Lorsque la mouche attaque un troupeau, elle est vite
chassée si l'on a du goudron sous la main. Il s'agit de
faire une nouvelle friction, aussi abondante que possible;
mais si simple que soit ce moyen, on comprend qu'il ne
puisse être employé dans la plupart des cas. au pâturage
par exemple, loin des tentes, lorsque les bergers sont
peu nombreux ou lorsque l'imprévoyance du maître les a
empêchés .de se munir d'une quantité suffisante de
goudron.

Une excellente mesure pour préserver les dromadaires
du debeb, lorsqu'on sait ou qu'on prévoit que la contrée
à traverser est infestée de ces mouches, consiste à
s'arrêter dès huit heures du matin, à faire coucher les
dromadaires en les groupant le plus possible et à allumer

autour d'eux des feux de paille ou d'herbe mouillées. On
ne repart alors qu'un peu avant le coucher du soleil.

La deuxième maladie, la gale, est celle qui atteint le
plus souvent le dromadaire. La première précaution à
prendre, dès que cette affection parait, est d'empêcher la
contagion; les moyens, en pareil cas, sont les mêmes
que partout. Ils sont connus : isolement de l'animal
galeux, lavage et désinfection de la selle ou du bât, des
besaces, du licou et des cordes, enfin traitement de la
maladie sur le sujet isolé.

Les Arabes emploient le goudron, qui est leur panacée
universelle, pour guérir la gale. Si la maladie est
localisée sur quelque partie du corps, ils coupent le poil
et font une friction de goudron. Deux ou trois frictions
suffisent généralement et la gale disparaît au bout de dix
à quinze jours de traitement. Le poil commence alors à
repousser.

Si la gale est ancienne et invétérée, ce qui a lieu après
des marches continues d'un mois ou deux en expédition
ou en caravane, il est nécessaire de faire goudronner
tous les dromadaires. Pour cette opération, on passe une
corde dans la mâchoire inférieure de l'animal, on l'abat
sur le flanc, la tête attachée à la naissance de la queue,
et, dans cette position, on lui applique du goudron sur
tout le corps, même dans les parties qui paraissent en
avoir le moins besoin, telles que les dents, la bouche et
les ongles. On frotte longtemps afin d'étendre le goudron
le plus possible, car une couche épaisse de cette substance
si peu perméable empêcherait toute respiration par les
pores et occasionnerait à l'animal des troubles sérieux.

La gale a des suites mortelles lorsque l'animal atteint
n'est pas encore guéri à l'arrivée des froids de l'hiver.

Alors son corps, privé de poils, ne peut résister aux rigueurs de la saison. Il dépérit rapidement et meurt.

Lorsque l'Etat voudra faire profiter l'armée d'Afrique des immenses ressources qu'offre le dromadaire, lorsqu'il aura enrégimenté un grand nombre de ces animaux, soit dans des corps de combattants, soit dans les corps chargés des transports, il y aura lieu de se préoccuper de substituer à l'emploi du goudron celui de l'onguent sulfureux dans le traitement de la gale. L'usage de ce dernier médicament donne de meilleurs résultats et permet en outre de réaliser une économie de 40 %.

Le meilleur goudron est celui qui provient du *taga* (thuya articulé) ou de l'*arar*, (genévrier de Phénicie). Le goudron de pin n'a aucune vertu. Le goudron de marine est trop fort; on doit éviter soigneusement d'en faire usage.

Les autres maladies du dromadaire n'ont aucune gravité ; leur guérison est prompte et n'exige aucun médicament. Nous avons cité, comme étant les plus fréquentes, le *magoub*, le *moroos*, la *slemma* et le *metla*.

Le *magoub* est l'œdème du fourreau. Lorsque la sangle du derrière du bât, ordinairement placée entre la verge et les testicules, glisse en avant, il se forme au fourreau une tumeur molle et non douloureuse qui empêche l'animal d'uriner. Le remède employé par les Arabes est fort simple : ils ouvrent la peau du fourreau en agrandissant l'ouverture naturelle qui s'est rétrécie, saisissent la verge et la tirent au dehors, en arrière. Quelques lotions d'eau fraîche ou d'eau vinaigrée complètent la guérison.

Le *moroos* est une maladie du pied qui a l'aspect et la forme d'une seime. La fissure s'étend sur la plante du pied toujours d'avant en arrière, comme la seime chez le cheval s'étend du haut en bas. Elle provient ou de la marche prolongée dans un terrain pierreux, ou du contact permanent des fumiers, des boues âcres et irritantes. Lorsqu'on s'en aperçoit, il faut éloigner immédiatement l'animal de la cause qui a fait naître le *moroos*, nettoyer la fissure avec de l'eau fraîche et laisser l'animal au repos, couché et entravé, jusqu'à la guérison complète qui arrive du reste rapidement.

La *slemma* est une colique légère qui provient de l'ingestion d'eau stagnante et corrompue. Lorsqu'il en est atteint, l'animal se couche et se roule; il faut l'obliger à se relever et le faire marcher, la maladie disparaît presque aussitôt. La *slemma* n'a aucune gravité.

Le *metla* est une maladie particulière à la femelle et consiste dans la chute du vagin; ses causes sont : un travail pénible et prolongé, un excès de charge, un effort violent. Le repos absolu est, dans ce cas, le seul mode de guérison; quelques jours suffisent.

Des maladies aussi simples exigent peu de remèdes; aussi la thérapeutique suivie par les Arabes à l'égard du dromadaire est-elle des moins compliquées. La nomenclature de leurs médicaments ne comprend guère que le goudron, le *debagar* (écorce de pin pilée) le tan, la poudre de feuilles d'*arar*, enfin le sulfate de cuivre. Tous ces médicaments sont pour l'usage externe ; à l'intérieur, on n'administre guère, comme purgatif après le printemps, que du blé bouilli dans de l'huile.

On emploie le goudron, nous l'avons vu précédemment, contre le debeb et contre la gale. On l'emploie encore, mélangée à de la graisse non salée, pour la guérison des blessures.

Le dromadaire qui porte la selle ou le bât pendant dix

mois de l'année et qui transporte, pour le compte des
Européens ou à la suite des expéditions, des colis de
toutes sortes, garnis d'aspérités et difficiles à bien
arrimer, est sujet à de nombreuses blessures. Si l'on n'y
prend garde, la moindre excoriation devient bientôt
grave sous le climat chaud et lourd de l'Algérie. Le
sable et les impuretés, charriés par le vent, irritent la
plaie, la font suppurer et la gangrène ne tarde pas à s'y
mettre. L'acide phénique plus ou moins dilué donne les
meilleurs résultats. Les Arabes, qui n'en connaissent
pas encore l'usage, font des applications de goudron
bouilli avec de la graisse ou bien saupoudrent la plaie
de *debagar,* de tan, de cendres de tabac ou de feuilles
d'*arar* sèches et pilées. Lorsque la plaie est ancienne et
déjà gangrenée, ils emploient le sulfate de cuivre. Tous
ces médicaments, surtout le premier, guérissent rapidement les plus fortes blessures.

Les Indigènes abusent de l'emploi du feu en pointes
ou en raies pour leurs dromadaires comme ils en
abusent pour leurs chevaux. Ils l'appliquent dans la
jeunesse comme préventif et, ensuite, comme curatif
dans les cas de rhumatismes, d'entorses, de luxations, de
boiteries, etc., etc., sans se préoccuper ni des causes du
mal, ni des tissus qui en sont le siège, ni des conditions
atmosphériques du jour où ils appliquent le remède.
Aussi voit-on souvent, à la suite du feu mis hors de
propos, survenir des plaies ou des indurations dont la
guérison est toujours lente et difficile.

Il y aura donc lieu, lorsque des corps de dromadaires
seront créés, d'empêcher de la part du personnel arabe
cette pratique abusive du feu.

CHAPITRE III

Le Mehari.

Il y a, dans le sous-genre des dromadaires, une variété dont les sujets réunissent au plus haut degré toutes les qualités de force, de légèreté, de vitesse et de fond de la race : ce sont les Mehara.

Le Mehari est au dromadaire ce que le cheval de pur-sang est au cheval commun. Il est généralement plus grand ; sa robe est de couleur claire, souvent blanche ; son poil plus fin, plus soyeux ; sa tête plus fine et plus intelligente ; son pied plus ferme ; ses cuisses bien mieux musclées. La sobriété proverbiale de la race devient extraordinaire chez le Mehari. Son allure habituelle, qui est le trot, dépasse en vitesse et surtout en durée le galop allongé d'un bon cheval (1) ; c'est à tort qu'on a écrit qu'elle donne le mal de mer.

Le Mehari n'est donc pas une race spéciale ; bien plus, il n'est pas toujours, comme le cheval de pur-sang, le produit de deux autres pur-sang. Le père ou la mère — cette dernière généralement — appartiennent l'un ou

(1) Un mehari fait en moyenne 80 kilomètres par jour sans aucune fatigue. Dans certaines circonstances, lorsqu'on le pousse, cette allure peut être portée à 150 kilomètres. En 1864 un mehari de Si Ali Bey, Caïd de Tuggurth, a parcouru en 24 heures la distance qui sépare Tuggurth de Biskra, soit 206 kilomètres.

l'autre à la variété commune, mais cependant sont choisis
parmi les plus beaux de cette variété. Le produit direct
de deux pur-sang serait un sujet trop nerveux, trop
délicat, trop irritable ; le vrai mehari est donc une bête
de demi-sang.

Le mehari, animal de guerre, a été employé dans les
armées dès la plus haute antiquité. Il est longuement
question de son emploi dans Hérodote, Xénophon, Tite-
Live, Diodore de Sicile, Tacite, Pline, Hérodien, Procope
et dans la *Notice de l'Empire*. Hérodote le cite (L. I, 80)
en racontant la bataille de Sardes gagnée par Cyrus sur
les Lydiens. Pline dit (L. VIII) : *Camelos inter jumenta*
pascit Oriens, quorum duo genera, Bactriani et Arabici.....
Omnes autem jumentorum in iis terris dorso funguntur,
atque equitantur in præliis..... Castrandi genus etiam
fœminas quæ bello præparantur inventum est : fortiores
ita fiunt coitu negato.

Tite-Live est encore plus explicite dans la narration
de la bataille de Magnesia livrée par L. C. Scipion à
Antiochus (L. XXXVII). « L'armée royale, dit-il, outre
ses chevaux et ses éléphants, avait des chameaux de
guerre, des dromadaires montés par des archers arabes
portant des épées longues de quatre coudées..... »

Les Romains finirent par adopter cette espèce de
cavalerie. Elle leur rendit de tels services qu'ils eurent
bientôt des postes permanents de ces troupes spéciales
dans les pays producteurs de dromadaires. La *Notice de*
l'Empire les nomme : *Ala tertia dromedariorum Maximia-*
nopoli ; ala secunda Herculis dromedariorum, Psinaula ;
ala prima Valeria dromedariorum precteos. Un quatrième
escadron, indépendant de ceux de l'Egypte, était encore
en Palestine : *Ala Antana dromedariorum Admathæ.*

Lorsque, le 20 nivôse de l'an VII, Bonaparte créait au Caire un régiment de dromadaires, il ne faisait donc pas une innovation. Etait-ce une réminiscence des auteurs anciens qui ont traité de l'emploi du dromadaire à la guerre ou, chose probable, fut-ce un éclair de son génie ? Nul ne l'a su. Toujours est-il que ce corps créé par lui, et confié au colonel Cavelier, rendit de très grands services et ne fut licencié qu'à la fin de l'expédition.

Les Egyptiens ont conservé dans leur armée de la Haute-Egypte des corps irréguliers montés à mehara faisant les fonctions de troupes de cavalerie légère et des fantassins montés à dromadaires. En Algérie, un essai fut tenté, vers 1843, par le commandant Carbuccia, pour faire adopter ce mode de locomotion par les colonnes du Sud ; les expériences réussirent, mais il ne leur fut donné aucune suite. Avant le commandant Carbuccia, le général Yussuf s'était servi avec succès de dromadaires pour faire parcourir à sa colonne des étapes de 50 à 60 kilomètres par jour.

Actuellement, il n'existe aucun corps à mehara ou à dromadaires pouvant s'appeler véritablement ainsi. Seuls les commandants supérieurs de Lahgouat et de Biskra ont, le premier à Ouargla, le second à Taïbin, des Maghzen (1) de vingt à vingt-cinq cavaliers qui font le service de vedettes ou de courriers. L'appoint considérable de célérité qu'apporteraient ces animaux aux mouvements d'une colonne n'est donc pas utilisé. Il y a là, croyons-nous, une lacune, un oubli.

(1) *Maghzen*, troupe de cavalerie indigène levée dans les tribus et qui, sous la domination turque, était chargée de veiller à la police et à la perception de l'impôt en temps de paix. Nous avons conservé les Maghzen, mais en réduisant considérablement leur nombre et leurs attributions.

Il serait cependant facile et peu coûteux de constituer des corps de ce genre, de les recruter, de les armer, de les équiper et de les remonter. Nous ne traiterons dans ce chapitre que de la remonte qui est de beaucoup la chose la plus importante dans le projet que nous étudions.

Toutes les tribus du Sahara, du Maroc à Gabès, produisent le mehari et possèdent de grandes quantités de dromadaires ordinaires. Un bon mehari, en état de servir immédiatement, coûte, prix moyen, 500 francs. Il est bien évident que les achats de l'Etat ne feront qu'encourager la production : elle s'accroîtra. Il n'y a donc pas à craindre une élévation de prix. Ce chiffre de 500 francs restera tout au moins stationnaire: s'il ne baisse pas rapidement.

Sans faire entrer dans la liste des prévisions le cas d'une insurrection générale du Sahara qui priverait les corps montés à dromadaires d'une partie de leurs ressources, il est cependant à souhaiter que, le jour où l'on créera ces corps, on adopte pour eux le système des établissements de remonte. Trois ou quatre postes du Sud, dont le choix est facile, serviraient de dépôt. Les mehara, achetés jeunes, recevraient là des soins analogues à ceux que reçoivent les chevaux dans les établissements similaires de France et d'Algérie. Plus tard, quelques étalons choisis pourront y faire la monte, pour le compte de l'Etat seulement. Le personnel arabe sous la direction d'officiers français commencerait l'éducation de ces animaux dès leur jeune âge, de manière qu'un certain nombre fût toujours prêt à être versé dans les corps constitués suivant leurs besoins.

Le dressage du dromadaire de pur-sang n'exige qu'un

peu de patience et donne des résultats vraiment extraor-
dinaires. Dans les tribus du Sahara qui font l'élevage
du mehari et qui s'en servent comme animal de selle et
de guerre, il est l'objet de soins attentifs et constants
jusqu'à ce que son éducation soit terminée. La femelle
n'est jamais employée aux transports pour que le jeune
mehari puisse rester auprès d'elle jusqu'à la mise-bas
suivante, c'est-à-dire jusqu'à l'âge de deux ans. Ce n'est
qu'à cet âge que l'Arabe commence à le dresser.

Ce dressage ne comporte aucun procédé particulier.
Comme celui de toutes les bêtes que l'homme ploie à son
service, il n'exige qu'une série de répétitions absolument
identiques du mouvement ou de l'attitude qu'on veut
obtenir — série plus ou moins longue suivant l'intelligence de l'animal —, beaucoup de douceur et un
emploi sobre et judicieux des corrections.

Il serait oiseux de réunir ici en un corps de doctrine
tous les principes à suivre dans le dressage du mehari
et de les discuter. Il sera suffisant d'esquisser les principaux traits de cette éducation dans la nomenclature
suivante qui est à peu près celle suivie par les Arabes.

Agir lentement et d'une façon très méthodique. Commencer par habituer le mehari à se coucher et à se
relever à la voix du cavalier. Le faire tourner à droite.
à gauche, en le tenant en main et en régularisant le
mouvement des hanches à l'aide d'une gaule. Le faire
partir au trot en le sollicitant par un appel de langue.
puis l'arrêter ou le faire passer au pas au moyen du
licou. Enfin, lui mettre la selle, le sangler, accrocher au
pommeau ou à la palette les armes et les ustensiles et
répéter ainsi les mouvements précédents. Le mehari
étant sellé et agenouillé, pour se mettre en selle le

cavalier prend les rênes dans la main gauche et se tient face à l'épaule gauche de l'animal. Il saisit ensuite le pommeau des deux mains par les bras de la croix (1), met le pied gauche sur le cou du mehari, prend appui sur ce pied et s'enlève. Il passe alors la jambe droite par-dessus la palette, s'assied, croise les jambes sous la traverse de la croix du pommeau et appuie les pieds sur le cou de l'animal, dans une position commode.

Le cavalier répète alors les mouvements de tourner en s'aidant d'une gaule pendant les premières leçons, puis avec le licou seul. Il apprend aussi au mehari à se lever et à s'agenouiller par un frottement du pied sur le cou. Il lui apprend enfin, par l'emploi des mêmes aides, à se porter en avant, à partir au trot, à passer au pas et à s'arrêter.

Le cavalier doit avoir soin, lorsque le mehari se relève ou s'agenouille, de suivre exactement les mouvements de l'animal qui paraissent étranges la première fois qu'on les subit et qui sont assez marqués pour faire perdre l'assiette à un cavalier novice.

Le mehari, vivant en troupeau, s'habitue en une ou deux leçons à la pression du rang. Il se fait rapidement aussi au choc des armes, aux détonations, aux sonneries, à tous les bruits guerriers. Son dressage complet, s'il est bien mené, n'exige pas plus de trois mois, à raison de deux leçons par jour.

Il ne faut jamais faire galoper le mehari ; cette allure est dangereuse et pour le cavalier, et pour l'animal.

---

(1) Le pommeau des selles de mehari a la forme exacte d'une croix.

TROISIÈME PARTIE

FORMATION ET ROLE DES CORPS DE DROMADAIRES

CHAPITRE PREMIER

Les Régiments de Mehara.

Ce ne serait certes pas une chose neuve, nous l'avons
vu, que de monter des soldats sur des dromadaires pour
les faire combattre dans les endroits éloignés où une
troupe quelconque ne pourrait ni se transporter, ni
subsister sans traîner à sa suite des impedimenta considérables, gênants et difficiles à défendre. Sans remonter
aux Perses et aux Romains, chez lesquels ces corps
étaient permanents, nous avons déjà cité le général
Bonaparte créant, aux débuts de l'expédition d'Egypte,
un régiment de dromadaires dont le commandement fut
donné au colonel Cavelier. Il est regrettable que les
détails d'organisation de ce corps ne soient restés dans
les archives d'aucun service, n'aient été retracés dans
aucun des mémoires des hommes de guerre de cette
grande époque. Il eût été aussi curieux et intéressant au
plus haut degré de connaître les principes de tactique
que Bonaparte imposa à cette troupe spéciale pour la
faire manœuvrer et combattre. On sait seulement qu'elle
rendit d'utiles services souvent signalés dans les bulle-
tins de l'expédition (1).

(1) Plus tard arriva le corps des dromadaires, qui rendit les plus
éminents services ; six cents hommes, montés sur six cents chameaux,

Plus tard, vers 1843, s'inspirant sans doute de la campagne d'Egypte, le commandant Carbuccia fit les essais dont nous avons parlé dans le chapitre précédent. Mais l'indécision où l'on était alors sur le sort à faire à l'Algérie fut cause que l'on ne prit pas assez au sérieux cette idée de former des corps à dromadaires et fit qu'on l'abandonna peu à peu. Nous ne faisons que la reprendre.

Les immenses ressources qu'offre le dromadaire comme animal de transport et de guerre, les soins à donner à son hygiène et à son dressage étant connus préalablement de quelques officiers, il est aisé de former rapidement des corps montés en tout ou en partie à mehara. Ces officiers en seront logiquement les premiers instructeurs, les premiers cadres; le recrutement des effectifs sera des plus faciles. Nous allons voir quels doivent être, dès le début, au point de vue de la composition et du nombre, ces cadres et ces effectifs.

Tout d'abord, le rôle à jouer par ces corps devant être plus complexe que celui que remplissent les compagnies franches nouvellement créées en Tunisie, il y a lieu, *à fortiori,* de faire entrer les trois armes dans leur composition. La section d'artillerie de montagne pourra être supprimée si on la juge trop embarrassante. Mais, ce faisant, on se priverait de deux chances de réussite tout particulièrement efficaces, eu égard à l'adversaire et à sa grossière tactique : l'immense effet moral produit par des pièces d'artillerie sur des gens qui n'en ont jamais

---

le composaient. Chaque soldat était pourvu de munitions et de vivres pour lui et sa monture, le tout pour une semaine, des excursions dans le désert devinrent faciles. Jamais troupe n'a été plus appropriée aux circonstances et aux localités et n'a rendu de plus grands services. (*Mémoires du Maréchal Marmont, duc de Raguse.* Livre IV.)

vu, et aussi l'effet très réel obtenu par un tir rapproché avec des boîtes à balles sur les groupes compactes de dromadaires des combattants opposés. On verra, du reste, que cette artillerie ne causerait pas un bien grand embarras.

L'infanterie devra figurer pour une très forte proportion dans ces régiments. Les fantassins seront montés par deux sur des mehara avec une selle spéciale dont nous donnerons plus loin la description. Nous ne croyons pas devoir nous appesantir sur le rôle de cette infanterie; il sera à peu près le même que partout ailleurs. Nous traiterons dans un chapitre particulier de quelques détails de la tactique qu'elle devra suivre.

Plusieurs faits ayant prouvé qu'une charge de quelques cavaliers sur un groupe quelconque de mehara produisait un effet terrifiant, il sera précieux d'avoir de la cavalerie dans les corps de ce genre. Son effectif sera forcément restreint à cause du grand nombre de bêtes de transport que nécessiterait l'orge des chevaux. Le chiffre de quarante, que nous proposons, nous semble être suffisant pour produire un effet certain, en même temps qu'il n'exige que peu de provisions d'orge. Grâce aux plantes nourrissantes du Sahara, le cheval peut, avec trois ou quatre kilogrammes d'orge par jour, supporter facilement les fatigues d'une expédition de trois mois. Or, bien avant l'expiration de ce laps de temps, en supposant que l'objectif ait été le Sud, on trouve de nouveau à s'approvisionner (1).

Enfin, pour éclairer au loin la colonne et reconnaître l'état des puits pour l'étape du jour suivant, il est

_____

(1) Il y a de l'orge en grande quantité dans tout le djebel-Hoggar, et, dans le Tidikelt, des céréales, à partir du puys d'Aïr.

nécessaire de faire entrer dans la composition du régiment une trentaine de cavaliers montés seuls sur
d'excellents mehara. Ces cavaliers auront toujours avec
eux deux jours d'eau et de vivres. Leur rôle sera de
préserver la colonne de toute surprise ennemie d'abord
et, surtout, de lui donner la certitude d'avoir de l'eau le
lendemain, car leur extrême mobilité leur permettra de
la précéder à un ou deux jours de marche. Grâce à leur
nombre, ils pourront opposer une certaine résistance si
l'assaillant est inférieur et, dans les autres cas,
l'excellence de leur monture, son chargement léger, les
vivres et l'eau dont ils seront pourvus leur donneront
les moyens de rebrousser chemin et de rejoindre le gros
de la troupe pour aviser des événements le chef de
l'expédition ou de la mission. Un mehari chargé d'outils
marchera constamment avec eux.

Le recrutement des régiments de mehara se fera en
partie, pour la troupe, dans le pays même, chez les
tribus du versant saharien les mieux soumises à notre
domination (1). Il est bon que l'élément indigène y entre
pour le plus grand nombre; l'y attirer et l'y maintenir
sont une simple question d'argent. L'élément européen
sera recruté parmi les anciens soldats que des avantages
précuniaires attireront et maintiendront aussi; la légion
étrangère et les bataillons d'Afrique peuvent fournir
d'excellents contingents aux régiments de mehara.

Les cadres pourront être ce qu'ils sont actuellement
dans les régiments de spahis ou de tirailleurs, moitié

(1) Les trois confédérations des Chaambas Metlili, Ouargla et El
Goléah fourniraient les meilleurs cavaliers à mehara. Ce sont eux qui
connaissent le mieux les routes du Sahara qu'il convient de suivre
suivant les saisons ou la situation politique des régions à traverser. —
Commandant Coyne, *Une ghazzia dans le grand Sahara*.

français, moitié indigène, sans que cependant ce recrutement par nationalité soit un obstacle pour l'admission d'un plus grand nombre de nos officiers. On devra, au contraire, favoriser par tous les moyens l'accès de ces régiments au plus grand nombre possible de gradés français. Comme dans les régiments de tirailleurs et de spahis, le commandement de la moindre unité de combat devra toujours être confié à un officier français.

On comprend qu'un corps de troupes composé d'éléments si divers, devant avoir des manœuvres et une tactique spéciales, appelé à jouer un rôle indépendant, difficile, mais plein de promesses glorieuses et devant le jouer dans un pays si étrange et si nouveau, on comprend, disons-nous, que ce corps doive avoir à sa tête un homme d'une haute intelligence et d'une grande valeur. Le chef d'un régiment de mehara devra parler et écrire l'arabe et, peu à peu, se familiariser avec les différents dialectes des tribus du désert. Il connaîtra les affaires indigènes et se tiendra au courant des événements qui se passent dans le Sahara : état des esprits, mouvements religieux, rivalités de tribus, haines de Soff, etc., etc... Mais cette partie politique de son rôle ne sera que secondaire; ce chef devra être avant tout un homme d'action, un soldat robuste, intelligent, actif et brave.

Tels doivent donc être, au point de vue de la composition et du recrutement, les effectifs et les cadres de ces corps montés à mehara.

Les voici en tant que nombres :

			Chevaux	Mehara
1 lieuten.-colonel du chef de bataillon-commandant.			1	»
1 médecin-major.			1	»
3 comp. d'inf. chacune de		1 capitaine.	»	1
		3 lieutenants, sous-lieu	»	3
		6 sergents.	»	6
		12 caporaux.	»	6
		82 hommes	»	41
Les deux autres compagnies			»	114
1 peloton de cavalerie		1 officier.	1	»
		2 sous-officiers.	2	»
		4 brigadiers	4	»
		34 cavaliers.	34	»
1 section d'artillerie		1 officier.	»	1
		2 sous-officiers.	»	2
		2 brigadiers	»	1
		16 servants	»	8
1 peloton d'éclaireurs		1 officier.	»	1
		2 sous-officiers.	»	2
		4 brigadiers	»	4
		24 cavaliers.	»	24

Soit, en tout, 17 officiers, 400 sous-officiers et soldats, 43 chevaux et 214 mehara.

A ces nombres, il faut joindre celui des animaux du convoi, lequel, en supposant une expédition d'une durée maximum de trois mois, sans ravitaillement possible, serait de 316 mehara se répartissant ainsi :

Les deux pièces et leurs affûts.	4
Munitions d'artillerie	10
Munitions d'infanterie et armes de rechange.	20
Vivres et orge	250
Bagages, instruments, outils.	32

Soit. . . . . 316 mehara,

lesquels, ajoutés aux 214 de la troupe, forment un total de 530 mehara.

Vingt-cinq Sokhars armés et équipés à l'arabe seraient chargés de la conduite de ce convoi, de donner aux animaux les soins nécessaires et de les faire pâturer. Ils seraient sous les ordres d'un cheikh, à la fois vétérinaire et surveillant, responsable envers le chef du régiment de la bonne exécution du goudronnage trimestriel, du traitement des maladies usuelles de tous les dromadaires et de leur subsistance.

Il sera facile d'assurer la surveillance de ce convoi, en marche, en établissant un tour de service entre les officiers, les sous-officiers et les caporaux. Par exemple, on attacherait un sergent et deux caporaux au convoi des vivres et un sergent au convoi des bagages et munitions ; ces gradés seraient sous les ordres de l'officier pris à tour de rôle parmi les lieutenants et sous-lieutenants des compagnies d'infanterie.

Dans ces corps, pour que l'homme de troupe puisse être à l'aise en faisant le service spécial auquel il est destiné, il est nécessaire de lui donner un habillement et un équipement convenables. Le vêtement devra être très ample, en drap l'hiver, en toile l'été. Le costume arabe nous paraît satisfaire à toutes les conditions désirables, il serait à souhaiter qu'on l'adoptât dans tous ses détails : pantalon à la turque, veste, bottes en peau de chèvre, burnous, fez et turban. Le cavalier pourra conserver son équipement, fort réduit aujourd'hui du reste, mais le sac du fantassin devra être naturellement supprimé. Les effets, les cartouches et les vivres qu'il doit contenir seront placés dans une musette en poils de chameau suspendue au pommeau de la selle du mehari.

Il n'y a aucun invonvénient à ce que l'armement actuellement en usage soit donné aux hommes des

régiments de mehara. La façon de le porter seulement
sera modifiée; en marche et pour tous, le fusil sera
toujours « à la grenadière »; chaque homme aura en
outre le revolver.

Le harnachement exige une description spéciale. La
selle du mehari monté par un seul cavalier serait celle
dont on se sert dans les maghzer à mehara d'Ouargla et
de Tuggurth, celle des Touareg eux-mêmes. Cette selle
se compose d'un siège rond en bois doublé de cuir épais,
lequel siège est porté sur un arçon élevé, en forme
d'angle dont les côtés rembourrés appuient sur le dos
de l'animal. Le pommeau a la forme d'une croix; la
palette est en bois léger et fort haute; la sangle est en
tresses de poils de chameau et est d'une solidité à toute
épreuve; il n'y a ni croupière, ni poitrail.

Le prix de cette selle, pour laquelle la main-d'œuvre
arabe doit être préférée, est de quarante francs dans le
Sahara.

La selle du mehari monté par deux fantassins serait
une sorte de selle double, c'est-à-dire deux sièges accolés,
séparés par une haute palette et reposant sur un arçon
unique, de même forme mais d'une longueur plus grande
que celui de la selle ordinaire. Le siège de devant aurait
tout l'aspect d'une selle de mehari. — L'homme qui doit
l'occuper et qui sera chargé de la conduite de l'animal
aura les jambes placées comme il a été indiqué au
chapitre précédent. — Le siège de derrière aurait pour
pommeau la palette du premier et de plus une palette
propre; il serait muni d'un étrier attaché très court pour que
le soldat auquel il est destiné puisse aisément s'y asseoir.

Le prix d'une selle de ce genre, faite par des ouvriers
français, ne dépasserait pas soixante francs.

Quant à la selle des chevaux, ce serait la selle arabe. Elle dure plus longtemps, n'exige presque aucune réparation et c'est la seule qu'on puisse trouver à acheter dans le pays, au cas où quelque remplacement serait immédiatement nécessaire.

Ce n'est presque pas sortir de cette question du harnachement que de parler du bât particulier que nécessite le transport à dos de mehara des deux pièces de la section d'artillerie : comme le siège de la selle, le bât reposerait sur un arçon élevé auquel il faudrait donner nécessairement la longueur de la pièce. Il serait fixé sur le dos de l'animal par deux fortes sangles passant, l'une sous la poitrine, l'autre sous le ventre, comme sont maintenus tous les bâts sur les dromadaires de transport. La pièce elle-même serait placée, encastrée pour ainsi dire, dans un logement creusé en plein bois et qui serait la reproduction exacte de sa forme. De fortes courroies la fixeraient dans cette sorte de demi–étui, lequel, rivé sur la table de l'arçon par de fortes armatures, constituerait avec lui un bât d'une solidité et d'une commodité parfaites.

Le bât destiné au transport de l'affût et des roues serait le même que le précédent, avec une légère modification. Il faudrait diminuer l'angle de l'arçon de manière à en éloigner le sommet et à obtenir, par la section horizontale des côtés de cet angle à hauteur du dos de l'animal, une table un peu plus large. C'est sur cette table, renforcée d'une pièce de bois et garnie des crampons et des courroies nécessaires, que serait placé l'affût muni de ses roues.

Pour le transport des caisses de munitions, des vivres et des autres bagages, il est préférable de se servir du bât arabe. Quelque grossière que soit sa construction, ce bât est excellent pour tous les usages ordinaires; en outre, il est facile à faire et tous les indigènes savent le réparer.

Maintenant, il est bien évident que les officiers de tous grades, les hommes des cadres, ceux de troupe et les indigènes eux-mêmes ne consentiront à entrer dans ces régiments, à mener pendant six mois de l'année cette rude vie du désert, pleine de dangers et de privations, que si des avantages sérieux les attirent dans ces corps et les y retiennent. C'est, avons-nous dit, pour bien les recruter, pour les conserver, pour pouvoir exiger d'eux la plus grande somme de services possible, c'est une question d'argent. Il faudra donc que la solde de tout le personnel soit très élevée et qu'il ait une part plus grande dans l'avancement aux grades et aux décorations. Ces régiments pourront alors être, dès leur origine, des corps d'élite, à hauteur de la difficile mission qui doit leur être dévolue.

CHAPITRE II

Bases d'opérations.

Pour que les troupes dont nous venons d'esquisser l'organisation puissent faire sentir leur action dans cette immense zone qui s'étend de Bel-Abbas à Bilma et d'El Goléah à Agadès, il faut qu'elles soient en nombre suffisant d'abord. Il faut en outre que leurs différents centres de stationnement en temps ordinaire commandent aux routes qui s'enfoncent dans le Sahara. Ces deux conditions seront remplies par la création de trois régiments de dromadaires et par leur placement sur des points stratégiques choisis dans chaque province. Les oasis qui, par leur position et leurs ressources, nous paraissent devoir faciliter le mieux possible la rapidité d'action de ces troupes sont : El Abiod-Sidi-Cheik, Ouargla et El Oued. Elles présentent aussi le plus de garanties pour leur sécurité et pour leur subsistance.

Grand centre religieux — la destruction récente de la Kouba n'a rien changé à cela — et étape commerciale très fréquentée, El Abiod-Sidi-Cheik aurait dû depuis longtemps être le siège soit d'une garnison régulière, soit d'un maghzen. La présence de l'une ou de l'autre aurait peut-être empêché les sanglantes insurrections de 1864 et de 1881. C'est, de toute l'Algérie, l'oasis qui entretient le plus de relations, et avec le Tell, et avec les peuplades sédentaires ou nomades du Gourara, du Touat et du Sahara. Ce lieu saint et vénéré est un point de ralliement, un centre d'intrigues où se rencontrent, venant de toutes les directions sous prétexte de pèlerinage, les individus les plus ouvertement hostiles à notre domination. C'est de là que sont sortis, sanctifiés par un long séjour auprès des restes du Saint, la plupart de ces derviches fanatiques qui, aux heures de troubles, ont soulevé les tribus jadis soumises et les ont poussées sur nos établissements. C'est là qu'est donné le mot d'ordre et que sont tramés les complots, là peut-être qu'a été décidé le massacre de la mission Flatters. De grandes nécessités politiques nous imposent donc l'obligation d'occuper militairement ce point.

Dans un autre ordre d'idées, et au point de vue du choix d'El Abiod comme garnison d'un régiment de mehara, l'occupation de cette oasis offre de nombreux avantages qui doivent la faire préférer. El Abiod est situé sur les bords de l'Oued R'raris, au milieu d'une légère dépression de terrain, dans une plaine de 10 lieues de long sur 5 de large qui sert de réceptacle souterrain aux eaux pluviales. Quelques milliers de palmiers, au milieu desquels sont des jardins potagers, entourent cinq Ksour bâtis sur de petites buttes et groupés autour des ruines du tombeau du grand fondateur des Oulad-Sidi-Cheik. Ces Ksour renferment près de 2.500 habitants.

Autour d'El Abiod s'étendent dans un rayon de plus de 100 kilomètres, entre l'Oued Mellala, la plaine de Habilat et l'Oued En-Namous, d'abondants pâturages qui fourniraient, bien au delà des besoins, à la subsistance des mehara du régiment. Celle des hommes serait assurée par l'oasis elle-même toujours largement pourvue par les importations du Tell et du Sahara. En supposant que les approvisionements du commerce privé soient insuffisants, il est facile de faire ravitailler ce poste de Géryville, par les soins de l'Administration militaire.

Au point de vue stratégique, El Abiod a une importance réelle et son occupation par un régiment de mehara semble devoir assurer désormais la paix à cette partie de l'Algérie si troublée depuis la conquête. Située au pied du dernier contrefort du Djebel Kessel, au bas de la vallée supérieure de l'Oued R'raris ou Oued Keroua, El Abiod commande la route si importante que suivaient jadis les caravanes du Soudan par le Touat et le Gourara. Il surveille les vallées de l'Oued Segueur à l'Est, de l'Oued En-Namous et de l'Oued Zousfana à l'Ouest, ainsi que les routes qui, venant du Maroc ou de Gourara, suivent ces trois lignes d'eau. Grâce à ces routes, de parcours facile et qui toutes aboutissent directement à El Abiod, les troupes à mehara qui occuperaient cette oasis pourraient se transporter en trois jours à Figuig ou à Timimoun et en quatre à In Salah. Dans la direction opposée, leurs lignes de retraite seraient les routes de Géryville, d'Aïn Sfisifa et d'Aflou, postes qui sont à 2 et 3 journées de marche d'El Abiod.

La sécurité et le service des renseignements seraient facilement assurés par l'installation permanente à Si El Hadj-ed-Din, à Benoud et à Si Brahim, de quatre cavaliers à mehara, à la fois vedettes et espions. Ils pourraient tous rallier El Abiod en moins de 24 heures ; un relai serait nécessaire au Ksar d'En Nkhaïla pour les cavaliers de Si Brahim qui sont les plus éloignés.

Le choix d'Ouargla, comme garnison du 2ᵒ régiment de mehara, s'impose aussi à plus d'un titre. Les 350 mille palmiers et les nombreux jardins qui l'entourent, les troupeaux des nomades qui sont sous son commandement, les relations commerciales qu'elle entretient par Laghouat avec le Tell, constituent des moyens d'approvisionnement qui suffiraient à des effectifs bien plus considérables. Les oasis qui l'environnent dans un périmètre rapproché et qui fréquentent son marché ajoutent encore à ces facilités de vie matérielle. D'autre part, Ouargla peut fournir d'excellents contingents et un grand nombre de dromadaires pour le recrutement et la remonte des troupes à mehara.

La ville d'Ouargla est composée de près de 1.500 maisons se groupant autour de l'ancienne Kasbah récemment restaurée par les soins du Génie militaire. Malgré ce grand nombre de maisons, Ouargla ne renferme que 2.500 habitants, des M' Zabites, des Arabes et surtout des Rouara.

Les oasis et les tribus qui, situées ou campées autour d'Ouargla, viennent encore augmenter son importance sont N' Goussa, Rouissat, Hadjadja, Ain-Amor, Sidi-Khouiled et Bamendil, lesquelles possèdent un total de 150.000 palmiers, 1.700 habitants et 900 puits ou sources. Les tribus des Mekhadma, des Saïd-Atteba et des Chaambaas-bou-Rouba ont près de 1.500 tentes et élèvent de nombreux troupeaux de dromadaires, de chèvres et de moutons.

Malgré les deux grandes rivières qui ont leur confluent dans la dépression même où se trouve le groupe des oasis, il n'y a pas, dans toute la région, d'eau coulant à ciel ouvert. Mais à défaut de cette eau courante, la double cuvette d'Ouargla et de N' Goussa est abondamment pourvue d'eaux souterraines ascendantes ou jaillissantes. Les puits artésiens et ordinaires y sont nombreux et donnent en grande quantité une eau partout de bonne qualité, sur quelques points même excellente.

En dehors de la dépression qui renferme les villages et les oasis, s'étendent au Nord, au Sud et à l'Est, de vastes espaces incultes coupés de dunes de sable qui atteignent, surtout dans la direction du Sud-Ouest, une grande hauteur. C'est au milieu de ces dunes, dans l'inextricable réseau qu'elles forment, que poussent en abondance toutes les variétés de plantes dont le dromadaire fait sa nourriture. C'est là que sont creusés, au fond de petites cuvettes, les puits ou les *redirs* (1) qui abreuvent les nomades et leurs troupeaux. C'est la zone des pâturages.

La position stratégique d'Ouargla est des plus avantageuses. Située au point où finit le cours de l'Oued Mia, elle est maîtresse de la route qui suit cette vallée et qui vient de Tombouctou par In Salah et El Goléah. C'est l'ancienne route des caravanes qui jadis apportaient à Ouargla les produits du Soudan et dont l'abandon a causé un si grand préjudice au commerce algérien. A Ouargla vient aussi aboutir une autre route du Soudan, qui passe à Aïn El Taïba et va rejoindre au puits d'Inlâlen la vallée de l'Oued Igharghar. C'était, au temps de la splendeur d'Agadès, la route la meilleure et la plus sûre, partant la plus fréquentée. C'est celle

(1) *Redir*, littéralement, *traitre*, endroit creux où s'amasse l'eau des pluies ou des crues.

qu'a suivi, jusqu'au puits de Garama, la mission du lieutenant-colonel Flatters.

Un poste à El Goléah et un autre à Aïn El Taïba surveilleraient suffisamment ces deux routes.

El Oued-Souf, à l'aile gauche, complètera parfaitement cette ligne de postes spéciaux. C'est, de toutes les villes de l'extrême Sud, celle dont le climat est le plus sain, celle qui a le plus de relations extérieures, qui est la plus peuplée et la plus riche en ressources de toute nature. Trois jours de marche la séparent de Tuggurth, centre d'approvisionnement.

El Oued renferme un millier de maisons, un bordj de commandement construit par Ali Bey et récemment remanié, et environ 5.000 habitants. Les oasis et les villages qui l'entourent, les tribus nomades des Ouled Saïah, des Ouled Amor, des Trouds et de la Tripolitaine viennent à ses marchés et y apportent tous les jours les produits de leurs cultures, de leur industrie et de leurs troupeaux. Rhadamès, Rhat, Agadès et le Soudan même envoient des caravanes à El Oued.

Autour du groupe des oasis, le pâturage des dromadaires est largement assuré. Dans toute la région, du Djerid à Tuggurth et du Chott à Bir Beressoff, croissent, parmi les dunes, toutes les herbes et tous les arbustes du Sahara. Les puits sont suffisants et remplis de très bonne eau.

El Oued est au débouché de deux routes dont l'une vient par Rhadamès, sa rivale, de l'Est du plateau central du Sahara; l'autre, qui vient de l'Ouest de ce même plateau, quitte, à Aïn El Taïba, la vallée de l'Oued Igharghar, c'est-à-dire la route jadis la plus suivie du Sahara. Le choix d'El Oued, comme centre d'action du 3º régiment de mehara, nous parait donc tout indiqué. Bir Beressoff sera l'emplacement d'un poste de surveillance.

Un service de patrouilles légères devra être organisé par les chefs de corps dans le but de se relier entre eux, de visiter les avant-postes, de les ravitailler, de recueillir des renseignements, et d'apporter les ordres. Ces patrouilles, toujours en mouvement, battront l'estrade dans la zone qui s'étend entre les garnisons et les vedettes et au Sud des points occupés par celles-ci. On comprend toute l'utilité de ce service de surveillance qui aura de plus l'avantage d'entraîner, de tenir en haleine les cavaliers et les mehara.

La création de cette ligne défensive — El Abiod, Ouargla, El Oued — maintiendra aisément la tranquillité dans le Sahara. De plus, cette création entre absolument dans l'ordre d'idées préconisé de tout temps par la plupart des hommes éminents qui ont conquis et organisé l'Algérie. Elle est l'application d'un principe du maréchal Bugeaud qui, pour tenir et conserver le pays, avait établi trois lignes de postes, parallèles au littoral et se soutenant l'une l'autre. La marche rapide de la colonisation sur le littoral a depuis longtemps rendu inutile la 3me ligne de défense, en même temps qu'elle a poussé l'élément européen bien au Sud de la 1re ligne, où il s'est créé des intérêts. Les nécessités de la conquête nous obligent donc à reporter encore plus loin cette première ligne, à établir solidement et d'une manière permanente à El Abiod, à Ouargla et à El Oued les troupes spéciales dont nous avons donné l'organisation.

CHAPITRE III

Tactique.

Sans vouloir poser les principes d'une nouvelle tactique à l'usage des corps à mehara, nous croyons devoir donner et expliquer quelques détails de marches et de combats qui seront d'une application fréquente.

Il n'est pas douteux — on peut l'avancer sans aucune forfanterie — qu'à égalité de nombre et en écartant le cas de surprise, la supériorité de notre armement ne nous donne le dessus sur n'importe quelle tribu du Sahara. Mais, outre que les cas de surprise peuvent être fréquents, il faut admettre que l'assaillant se présentera bien des fois avec un effectif supérieur à celui que nous aurons à lui opposer. Dans ces situations, la science devra suppléer à la faiblesse du nombre et c'est alors que l'observation des règles de détail dont nous parlions donnera d'excellents résultats.

Ces règles, comme toutes les règles de tactique, doivent être basées sur la manière même de combattre de l'adversaire ; elles sont la conséquence des moyens d'action dont il dispose. Il faut donc connaitre, avant tout, et cette manière de combattre, et ces moyens d'action.

Quoiqu'ils aient souvent des relations avec les marchés

du Nord et des côtes, les Touareg, les tribus du Sud surtout, ont conservé leur armement primitif. Soit par sentiment national, soit par indifférence, ils n'ont pas adopté les armes à feu malgré les facilités de s'en procurer qu'ils ont à Tripoli, à Mourzouk et dans le M' Zab. Ce dernier pays, vrai repaire de contrebandiers, leur fournit encore aujourd'hui la plupart de leurs lances, de leurs javelots et de leurs flèches. Ces lances, ces javelots et ces flèches sont, avec le sabre à deux tranchants et le poignard de bras, les seules armes offensives dont se servent les Touareg. Comme arme défensive, ils ont un large bouclier en peau d'antilope pour les tribus du Nord et, pour celles du Sud, en cuir d'éléphant.

La lance « *allàrh* » est une tige de fer longue d'à peu près trois mètres et plus ou moins ornée d'anneaux de cuivre incrustés. Son extrémité supérieure a généralement la forme d'un gros fer de flèche au-dessous duquel sont encore d'autres crochets. L'extrémité inférieure de cette lance est aplatie sur une longueur de vingt centimètres.

Le javelot « *tarhda* » est une arme de jet dont le fer est pareil à celui de la lance et dont la hampe est en bois. La longueur du javelot dépasse rarement un mètre; il est lancé à une distance très rapprochée.

Les flèches « *enderba* » sont formées de petites tiges de fer munies de crochets et emmanchées dans un roseau où les fixe un fil entouré d'une sorte de glu. L'arc est en bois léger du pays d'Aïr nommé « *kinba* » (1); il est surtout en usage chez les Touareg du Sud.

Le sabre « *takouba* » est formé d'une lame droite, longue de 80 centimètres, et d'une poignée en fer avec

---

(1) *Balanitis œgyptiacus.* C'est avec les racines que l'on fait les bois d'arc. (Barth.)

ornements en cuivre; cette poignée a la forme d'une croix. La lame est à deux tranchants.

Le poignard de bras « *telaq* » est une large dague adaptée à une poignée pareille à celle de la « takouba. » Le fourreau est en cuir épais et porte à son tiers supérieur un anneau, également en cuir, qui le fixe en permanence au poignet gauche de l'homme. Cette façon de porter le poignard est des plus pratiques et ne gêne en rien les mouvements.

Cet armement original est complété par un grand bouclier à peu près rond fabriqué dans le pays d'Aïr. Il n'a aucune résistance contre la balle et ne peut qu'amortir les coups de lance et de sabre, les flèches et les javelots.

Les Touareg du Sud n'ont pas d'armes à feu; seuls les Touareg du Nord et les Oulad-Ba-Hammou en ont quelques-unes; mais, outre que la plupart sont de très vieilles armes dont ils se servent encore fort mal, il leur est difficile d'avoir en campagne de grandes provisions de poudre et de plomb. Cela leur coûterait d'abord fort cher et exigerait aussi soit un supplément de charge pour chaque mehari, soit la présence d'un convoi, choses qui répugnent souverainement aux Touareg. On est donc autorisé à ne pas compter sur l'appoint que les armes à feu pourraient donner aux Touareg dans une rencontre.

La tactique des Touareg, des règles de laquelle ils ne s'écartent jamais, est tout aussi originale que leur armement.

Cet armement, qui exige la lutte rapprochée, leur petit nombre, la vie inquiète qu'ils mènent au désert, leur ont fait ériger en principes de guerre absolus la surprise, la ruse, l'embuscade; ils y excellent. Grâce à leur connaissance du Sahara, de ses routes, de ses pâturages, de ses puits; grâce à un service d'informations rapides admirablement organisé, ils se trouvent toujours et avec l'effectif le plus fort aux endroits où une caravane, où une troupe quelconque est signalée. Si le lieu n'est pas favorable, ils la suivent de loin, latéralement, sans que rien décèle leur présence; ils la précèdent aux puits où elle doit arriver et où l'un d'eux, caché, a bien vite fait de dénombrer et le butin et les défenseurs. Cela fait, le jour où il se présente, près d'un puits, entre des dunes ou des *gour* (1), dans un défilé, dans le lit à sec d'une rivière, un endroit qui leur permette de se cacher, ils y attendent les malheureux marchands, fondent sur eux à l'improviste dans le brouhaha qui suit l'arrivée, pillent et tuent, puis s'en retournent rapidement. Mais il peut arriver que la caravane soit bien gardée, qu'elle ait évité la surprise, que celle-ci n'ait pas été possible, ou encore que, la guerre étant déclarée, ce soit une troupe solide, bien armée et bien commandée, que les assaillants aient à combattre. C'est alors qu'apparaît une nouvelle tactique, basée sur la ruse, mais employée seulement lorsque les nécessités de la situation obligent à un déploiement de forces relativement considérables.

Laissant au loin en arrière les dromadaires démontés, ils organisent une colonne d'attaque dont la formation et la marche ont quelque analogie avec l'antique syntagme des Grecs. Derrière un premier rang de cavaliers sont massés, cachés par les mehara, tous les hommes à pied disponibles. Les détours que fait cette colonne, le grou-

---

(1) *Gour*, pluriel de *Gara*, collines isolées dont les flancs à pic et dénudés paraissent avoir subi l'action érosive de masses d'eau énormes et se précipitant violemment.

pement de plus en plus serré des fantassins, ne laissent voir à l'adversaire que la première ligne de cavaliers. Arrivé à proximité, le premier rang se débande et toute la troupe se jette sur l'ennemi : la lutte commence.

C'est d'abord une série de combats singuliers que les Touareg ont soin de ne pas prolonger si ceux qu'ils ont assaillis tiennent bon. Dans ce cas, à un signal donné par celui qui dirige l'attaque, ils battent rapidement en retraite, se reforment en un clin d'œil, puis fondent de nouveau sur leur ennemi. Ce manège est répété jusqu'à ce que celui-ci, diminué, affaibli, se laisse cerner par eux. C'est alors une mêlée corps à corps, où ils ne se servent guère que du sabre et du poignard et qui se termine par un massacre général.

C'est, on le voit, dans ses deux dernières phases, la tactique de combat des Arabes, le *Karr* et le *Farr*, l'élan d'attaque et l'élan de retraite, tactique primitive dont une troupe suffisamment nombreuse et armée de fusils a toujours eu et dont elle aura toujours raison.

Ces combats réguliers sont rares, les Touareg ne se hasardant à les livrer que lorsque aucune surprise, aucune embuscade n'a pu arrêter la marche de l'envahisseur. Il est probable qu'ils en livreraient le moins possible à une troupe européenne qui entrerait dans leur pays ; ils se borneraient aux attaques de nuit qui leur sont familières. La nuit double, il est vrai, les difficultés de la défense, mais comme elle diminue d'autant les chances de réussite de l'assaillant, le succès sera nécessairement du côté de la troupe qui saura rester la plus calme, la plus compacte, qui, en un mot, sera la mieux commandée. Il n'y a pas insister sur ce point.

En résumé, pour avoir la supériorité sur cette tactique

de ruse et de surprise, pour éviter les attaques de ce genre qui toujours énervent et démoralisent une troupe, si bien commandée qu'elle soit, il faut établir un service de reconnaissances et de surveillance qui puisse faire avorter toutes les tentatives d'un pareil adversaire. La bonne organisation de ce service augmentera les chances de succès des opérations futures dans le Sahara.

Comme c'est, avant tout, une véritable marche offensive que celle qu'exécute une colonne d'exploration qui s'aventure dans le désert, elle doit se considérer comme étant continuellement dans la zone d'action de l'ennemi et, par conséquent, être à tout instant prête à combattre. Il faut donc que sa formation de marche la mette à même de soutenir, à chaque moment de la journée, l'attaque d'un assaillant invisible. Il faut que tous les éléments qui la composent puissent immédiatement prendre part à une lutte imprévue. Il faut enfin que la nuit et pendant les haltes un service de vedettes et de sentinelles, fréquemment contrôlé, veille sur son repos.

Pour satisfaire le mieux possible à ces nécessités, l'ordre de marche devra être à peu près le suivant : Les deux tiers du peloton de mehara, avec l'officier, seront toujours à une ou deux journées de marche en avant pour reconnaître les puits, étape du lendemain. Le tiers restant marchera avec la colonne d'exploration et en formera l'avant-garde, deux cavaliers à la pointe, quatre à la tête d'avant-garde, les quatre derniers sur les flancs, entre les groupes précédents. Le gros de la colonne marchera en forme de rectangle, une demi-compagnie en tête, une sur chaque flanc, le peloton de cavalerie sur la quatrième face, et, comme arrière-garde, la deuxième moitié de la compagnie de tête. Au milieu du rectangle seront placés le convoi et l'artillerie. Les compagnies des faces latérales fourniront le chiffre des flanqueurs nécessaire pour surveiller depuis la tête de la colonne jusqu'à l'arrière-garde. Cette arrière-garde devra marcher assez rapprochée du gros, surtout dans les passages difficiles, afin de ne pas s'exposer à être coupée et enlevée.

Les guides dont la colonne d'exploration sera pourvue marcheront, deux avec le peloton de mehara, les autres avec le commandant de la colonne. Ces deux officiers, ou tous autres qui seraient appelés à diriger l'expédition, auront sur ces guides les droits les plus absolus.

Si, dans l'ordre de marche qui vient d'être décrit, il arrivait que l'on fût attaqué, la colonne s'arrêterait à une sonnerie convenue ; l'avant-garde, les flanqueurs et l'arrière-garde rallieraient le gros, les fantassins mettraient aussitôt pied à terre, entraveraient leurs mehara et se prépareraient à combattre, disposés le mieux possible par les officiers. La cavalerie attendrait, massée près de la compagnie de réserve, l'occasion de charger. Une charge de cavalerie contre des Touareg montés sur des mehara réussira toujours de la façon la plus heureuse, l'adversaire eût-il dix fois plus de dromadaires qu'il n'y a de chevaux. Dans ces conditions, une certaine initiative doit être laissée par le chef de la colonne à l'officier commandant le peloton de cavalerie.

En arrivant à l'étape, l'ordre de marche devra être conservé. Les troupes camperont dans cet ordre, l'arrière-garde prenant la place de la demi-compagnie de tête qui fournira les petits postes et les vedettes. Les mehara, aussitôt déchargés, seront conduits au pâturage si aucune surprise n'est à craindre, mais en restant quand même dans un rayon rapproché ; ils seront rentrés au camp avant le coucher du soleil. Lorsqu'on ne pourra les faire pâturer au dehors, on fera faire un fourrage qui sera mangé au camp.

Afin d'éviter les empoisonnements, toujours à redouter en pays Touareg, il est nécessaire que, dès que le puits autour duquel on doit camper a été dégagé par les puisatiers, une certaine quantité d'eau soit présentée à l'analyse du docteur.

Il est préférable, une fois le campement établi, que chaque compagnie place ses dromadaires, entravés et couchés, en avant de la face qu'elle occupe. Ceux du convoi seront répartis sur toutes les faces, gardés et maintenus par leurs conducteurs, de manière à ne laisser au centre du carré que l'artillerie et les bagages. Cette façon de camper, adoptée par les Touareg, a l'avantage d'abriter les combattants derrière leurs montures et de rendre plus difficile la rupture du carré par l'ennemi.

En cas d'attaque au camp, tout étant disposé comme il vient d'être dit, les vedettes et les petits postes se replient et rentrent à leur place de combat. Une partie des combattants se porte en avant si le temps le permet et si le terrain s'y prête. Dans le cas contraire, la défense a lieu derrière les dromadaires couchés. La section d'artillerie apporte au combat, si les circonstances le veulent, l'appoint de son effet moral et de son tir meurtrier. La cavalerie est lancée sur l'adversaire dès qu'il commence à être démoralisé par le feu du carré. Il sera bien rare, grâce à cette cavalerie, qu'une des faces puisse être rompue et que le chef de la colonne d'exploration soit obligé de donner le signal de la retraite. Cependant, comme il faut tout prévoir, il sera alors urgent d'envoyer les 10 cavaliers à mehara qui restent disponibles sur la ligne des puits, en arrière, en leur donnant le meilleur guide et en les faisant appuyer, si c'est possible, par une ou deux sections montées d'infanterie. Cela fait, les faces du carré se serreront autour des deux pièces et des bagages et le combat continuera dans des conditions meilleures, les lignes étant plus compactes, les officiers plus près de leurs hommes, les ordres mieux donnés et mieux compris.

Nous avons choisi, pour démontrer l'utilité de ces quelques détails de tactique, les cas spéciaux les plus rares, les plus critiques. Dans les situations ordinaires, par conséquent plus favorables, le mode d'attaque ou de défense reste à l'appréciation du chef de l'expédition.

CONCLUSION

La Pacification du Sahara et la conquête du Soudan.

Le besoin de sécurité pour nos frontières, la nécessité de créer de nouveaux débouchés à notre commerce, nous obligent à assurer notre domination, au moins nominalement, sur la grande contrée si riche et si peuplée qui s'étend du lac T'chad aux sources du Sénégal. Déjà, pour la dernière de ces raisons seulement, la plupart des grandes puissances européennes ont cherché à entamer de tous côtés le mystérieux continent africain. Les hardis explorateurs que le prestige de l'inconnu y avait attirés ont révélé à leur retour les immenses richesses des régions qu'ils avaient traversées, les ressources de leur sol, les besoins des populations au milieu desquelles ils avaient vécu. Aussitôt, sur les côtes, aux embouchures des fleuves, des commerçants, des colons, des religieux se sont établis. Peu à peu la baraque du premier arrivant est devenue village, la première maison de mission a vu s'élever autour d'elle une ville. Cela a commencé il y à peine vingt ans ; aujourd'hui, tout le Soudan est inondé de marchandises anglaises par les établissements de Guinée et, à l'Est, les pasteurs allemands font épeler la langue de Gœthe aux nègres des deux rives du Rovuma.

Les Français, eux, maîtres de l'Algérie et du Sénégal, ne peuvent même pénétrer, sous peine de mort, dans les contrées qui touchent à leurs frontières.

Ceci n'est certes pas une critique et ne peut en être une. Les exigences d'une politique extérieure, parfois compliquée, et — dans l'ignorance où l'on était de leurs dispositions — l'espoir longtemps caressé d'attirer à nous peu à peu ces populations maîtresses des routes de l'intérieur, ont fait retarder jusqu'à présent l'intervention militaire que la situation exige. Mais aujourd'hui que les sentiments hostiles de ces peuplades nous sont connus, aujourd'hui que la crise commerciale s'accentue davantage en Algérie, aujourd'hui que nos frontières du Sud sont, nous ne dirons pas sérieusement menacées encore, mais inquiétées, il est absolument nécessaire d'être maître à tout prix du Sahara, de rouvrir à notre profit les anciennes routes des caravanes, de faire arriver, par une voie ferrée, au Soudan les produits de toutes sortes dont les Anglais ont eu jusqu'à maintenant le monopole incontesté.

Il serait puéril de croire que ces résultats seront obtenus par des moyens pacifiques ; les essais précédents, le dernier surtout, l'ont prouvé. Là où les efforts du diplomate n'ont abouti qu'à des insolences et à des massacres, il faut faire intervenir le soldat. Cela ne coûtera ni autant de peines, ni autant de monde qu'on le croit.

Les trois régiments de mehara étant formés et installés à El Abiod, à Ouargla et à El Oued, l'alliance, ou tout au moins la neutralité des Azgar étant assurée, il est à peu près certain qu'une simple démonstration du premier de ces régiments sur le Gourara, la marche du deuxième sur le Tidikelt, soutenu en arrière par le troisième, feront tomber In Salah entre nos mains sans peut-être avoir à tirer un seul coup de fusil. C'est le but qu'avait atteint le général de Gallife à une époque plus difficile et n'étant encore qu'à mi-chemin du Tidikelt. In Salah occupée, c'est la tribu des Hoggar à notre merci, les assassins de la mission Flatters châtiés, les routes du Sud ouvertes et libres.

Alors, gênés par notre présence, n'ayant plus cette liberté d'action qui a tant contribué à leurs succès, les Moqaddems de Si Es Snoûssi cesseront de recruter de nouveaux partisans. Les Tedjania, patronnés et soutenus par nous, multiplieront leurs zaouïas, feront échec à cet ordre hostile et gagneront peu à peu la Nigritie. La tribu des Azgar constituera un Maghzen vaillant et d'autant plus dévoué, d'autant plus ennemi des autres tribus, que tous les bénéfices seront pour lui tant qu'il saura nous aider à maintenir la paix. Tributaires d'In Salah, Tombouctou et les royaumes du Niger apporteront au commerce algérien l'appoint du trafic considérable qui s'écoulait autrefois par l'Ouest. Enfin, la parenté du marabout Si El Bakkay avec le chef des Azgar devenant pour nous un gage d'alliance, son immense influence, jointe à notre présence à In Salah et à Bamakou (1), assurera une sécurité absolue aux travaux de la voie ferrée Trans-Saharienne, Ouargla, In Salah, Tombouctou.

En résumé, c'est au Tidikelt qu'il faut aller chercher

---

(1) Une expédition, commandée par le colonel Borgnis-Desbordes, a quitté Bordeaux en novembre dernier dans le but d'établir un poste à Bamakou, sur le Niger même. De là, des canonnières à vapeur doivent descendre jusqu'à Kabra, le port de Tombouctou.

la solution de la question. La possession de cette ligne
d'oasis peut seule mettre fin, par les avantages qui en
seront la suite, à la crise dans laquelle s'agite et se débat
aujourd'hui l'Algérie. Notre colonie africaine ne sera
véritablement tranquille et ne pourra devenir riche
et prospère que le jour où le drapeau tricolore flottera,
au vent du désert, sur le Ksar d'In Salah !

FIN

TABLE DES MATIÈRES

———

Bar-le-Duc. — Typ. L. PHILIPONA et Cᵉ — 528.

www.ingramcontent.com/pod-product-compliance
Lightning Source LLC
Chambersburg PA
CBHW030854220326
41521CB00038B/930